Lieber Uwe,
vielen Dank für das Lektorat und die Ideen zur Verbesserung meiner Arbeit.
Ich wünsche dir viel Erfolg beim Abschluss deiner Promotion und bei der anschließenden Berufswahl.

Königsbach, im November 2003

# Robotergestützte Imitation menschlicher Bewegungen zur Bestimmung der Abnutzung bei Gebrauchsgegenständen

Zur Erlangung des akademischen Grades eines
**Doktors der Ingenieurwissenschaften**
der Fakultät für Informatik
der Universität Fridericiana zu Karlsruhe (TH)

genehmigte

D i s s e r t a t i o n

von
Dipl.-Inform. Frank Beeh
aus Bretten

Tag der mündlichen Prüfung: 23. Juli 2003
Erster Gutachter: Prof. Dr.-Ing. Heinz Wörn
Zweiter Gutachter: Prof. Dr.rer.nat. Max Syrbe

Bibliografische Information Der Deutschen Bibliothek

Die Deutsche Bibliothek verzeichnet diese Publikation in der Deutschen Nationalbibliografie; detaillierte bibliografische Daten sind im Internet über http://dnb.ddb.de abrufbar.



ISBN 3-8325-0390-0

Logos Verlag Berlin
Comeniushof, Gubener Str. 47,
10243 Berlin
Tel.: +49 030 42 85 10 90
Fax: +49 030 42 85 10 92
INTERNET: http://www.logos-verlag.de

# Vorwort

Die vorliegende Dissertation entstand während meiner Tätigkeit als wissenschaftlicher Mitarbeiter am Institut für Prozessrechentechnik, Automation und Robotik (IPR) der Universität Karlsruhe (TH).

Meinem Doktorvater Herrn Prof. Dr.-Ing. H. Wörn gilt mein besonderer Dank für die Unterstützung und Förderung meiner Arbeit. Ebenso danke ich Herrn Prof. Dr.rer.nat. M. Syrbe für das der Arbeit entgegengebrachte Interesse und die Übernahme des Korreferats.

Ganz herzlich danke ich allen Kollegen, mit denen mich nicht nur der Arbeitsplatz verband: Axel Bürkle (für seine ruhige Art und sein tolles Programm zur Erstellung von 3D-Bildern und -Videos), Suei Jen Chen (für die vielen Leckereien und ihr engelsgleiches Wesen), Björn Hein (für das Snowboardtraining und die lustigen Gespräche in unserer „Kolchose 104“), Detlef Mages (für das entspannende Lauftraining und die Erkenntnis, dass auch WiWis ganz normal sein können), Dirk Osswald (für das Korrekturlesen und die vielen gemeinsamen Aktivitäten), Marcos Salonia (für die vielen Fahrradtouren), Karl Sander (für alle Diskussionen über Probleme der Softwareentwicklung), Ferdinand Schmoeckel (für das Klettertraining und seine ansteckende Motivation), Jörg Seyfried (für sein erfrischendes Lachen und die Mitorganisation der Treffen unserer Selbsthilfegruppe „Stressbewältigung am Arbeitsplatz“), Uwe Zimmermann (für die Korrektur meiner Arbeit, die Mitgliedschaft in unserer „Kolchose 104“ und die vielen Erkenntnisse aus der Serie „Uwe erklärt die Welt“). Desweiteren danke ich meinem Freund Stefan Kunzmann, der mir bei der stilistischen und orthografischen Überarbeitung eine große Hilfe war.

Abschließend danke ich meiner Mutter Christa Beeh und meiner gesamten Familie für ihre langjährige Unterstützung, die eine derartige Arbeit erst möglich macht.

Königsbach, im August 2003 Frank Beeh

# Inhaltsverzeichnis

# Kapitel 1

# Einleitung

„Ein Universal-Verschleißprüfverfahren kann in die gleiche Kategorie wie das Perpetuum mobile eingeordnet werden.“
*Boegehold*, 1929[21]

## 1.1 Motivation

Der Mensch benutzt eine Vielzahl von Gegenständen in seinem Alltag, welche dadurch einer Abnutzung ausgesetzt sind. Hierunter versteht man allgemein nach DIN 50323-2 die „unerwünschte Gebrauchsminderung von Gegenständen durch mechanische, chemische, thermische und/oder elektrische Energieeinwirkung“. Diese Abnutzung kann bei Gebrauchsgegenständen des Menschen durch folgende Schädigungsarten hervorgerufen werden:

**Alterung:** Die Gesamtheit aller im Laufe der Zeit in einem Material ablaufenden chemischen und physikalischen Vorgänge (DIN 50053).

**Bruch:** Makroskopische Werkstofftrennung durch mechanische Beanspruchung.

**Korrosion:** Reaktion eines metallischen Werkstoffes mit der Umgebung, die eine messbare Veränderung des Werkstoffes bewirkt (DIN 50918).

**biologische Schädigung:** Unerwünschte Änderung von Stoffen durch Organismen, wie z. B. Ratten oder Mikroorganismen.

**Verschleiß:** Fortschreitender Materialverlust aus der Oberfläche eines festen Körpers, hervorgerufen durch mechanische Ursachen, d. h. Kontakt und Relativbewegung eines festen, flüssigen oder gasförmigen Gegenkörpers (DIN 50320-79).

Nicht direkt durch den Menschen verursacht sind hier die Alterung, die biologische Schädigung und die Korrosion. Auch die Bewitterung, also das Aussetzen des Prüfobjektes gegenüber Umwelteinflüssen wie Temperatur, Feuchtigkeit, Licht, etc. fällt nicht in den Bereich dieser Arbeit und wird daher nicht betrachtet. Vielmehr geht es um die vom Menschen direkt verursachten Schädigungsarten wie Bruch und Verschleiß. Diese beiden resultieren aus einer mechanischen Beanspruchung des Gegenstandes durch den Menschen und führen zu einem Schaden, welcher in der VDI-Richtlinie 3822, Blatt 1 als „Veränderung an einem Bauteil, durch die seine vorgesehene Funktion beeinträchtigt oder unmöglich gemacht wird, oder eine Beeinträchtigung erwarten lässt“, definiert wird. Erreicht der Schaden eine kritische Grenze, so ist die weitere Benutzung des Produktes stark eingeschränkt oder gar unmöglich (z. B. Abbruch eines Griffs). Um zu verhindern, dass dieser Fall während der geplanten Lebensdauer geschieht, werden normalerweise umfangreiche Prüfungen durchgeführt. Unter einer Prüfung versteht man dabei allgemein ein Verfahren zur Ermittlung der Tauglichkeit eines Objektes für den Gebrauch. In dem hier vorliegenden Fall werden Ermüdungsprüfungen verwendet. Hierbei handelt es sich um eine zerstörende Prüfung, bei der ein zu prüfendes Objekt einer Beanspruchungsfunktion ausgesetzt wird, um zu ermitteln, wie viele Beanspruchungszyklen ohne kritische Schäden möglich sind. Hieraus wird dann versucht, eine Aussage über die Lebensdauer des Gegenstandes zu treffen.

Die von bisherigen Prüfsystemen erzeugten Beanspruchungen haben nicht sehr viel Ähnlichkeit mit der realen, durch den Menschen verursachten. Insofern ist es schwierig, mit ihnen aussagekräftige Ergebnisse zu erhalten. Wünschenswert sind daher realistischere Prüfsysteme, welche die Unterschiede zwischen Realität und Prüfung reduzieren, wobei eine vollständige Reduzierung der Unterschiede nie möglich sein wird. Erismann [39] sagt hierzu, dass „die Wirklichkeit nun einmal immer komplexer ist als der Versuch“. Dies ist auf mehrere Ursachen zurückzuführen. Zum einen kann der reale Gebrauch nie genau ermittelt werden, da er in der Regel stark variiert. Es gibt somit viele verschiedene Beanspruchungsfunktionen, wobei meist nicht genau identifizierbar ist, welche hiervon wichtig und welche unwichtig sind. Zusätzlich sind die Daten in der Realität meist nur mit eingeschränkter Genauigkeit oder unter Inkaufnahme von Verfälschungen durch die Messung zu bestimmen. Weiterhin muss bei den Prüfungen immer eine Zeitraffung durchgeführt werden, da man die Ergebnisse nicht erst nach der normalen Gebrauchsdauer von mehreren Jahren, sondern schon nach kurzer Zeit benötigt. Oftmals wird versucht, durch eine Erhöhung der Beanspruchung (z. B. durch eine höhere Frequenz) diese Zeitraffung zu erreichen. Allerdings sind meist die grundlegenden Zusammenhänge hierfür nicht bekannt und daher sind die

Auswirkungen dieser Änderungen kaum vorhersagbar. Die durch die eben genannten Probleme verursachten Unterschiede zwischen Prüfung und Realität führen daher in der Regel zu Abweichungen zwischen dem Ergebnis der Prüfung und dem Verhalten in der Realität.

## 1.2 Problemstellung

Ein kritischer Punkt bei den Ermüdungsprüfungen ist die Auswahl der Beanspruchungsfunktionen, also des zeitlichen Verlaufs der Beanspruchung. Ideal wäre es hier, genau dieselben Beanspruchungen durchzuführen, wie sie auch beim realen Gebrauch auftreten. Dies ist, aus den oben genannten Gründen, aber nicht möglich und somit muss immer ein vereinfachtes Beanspruchungsmodell verwendet werden. Vor allem wenn der Mensch beteiligt ist, treten noch stärkere Variationen im Gebrauch auf. Beispielsweise ziehen kleine Menschen an einem Griff in eine andere Richtung als große. Die Vielfalt in der menschlichen Anatomie (Größe, Gewicht, Bewegungsapparat, etc.) verursacht somit unterschiedliche Beanspruchungen. Diese sind weiterhin erheblich komplexer, da mehrdimensionale Bewegungen auf dem Objekt ausgeführt werden, welche zu schwer imitierbaren Beanspruchungsfunktionen führen.

Die bisher eingesetzten Prüfsysteme weisen hinsichtlich der Realitätsnähe noch gravierende Mängel auf. Sie führen in der Regel einfache, meist sinusförmige Schwingbeanspruchungen durch, welche kaum etwas mit der Realität gemein haben. Es ist daher notwendig, eine systematische Untersuchung anzustellen, um die bisherigen Prüfverfahren zu verbessern bzw. neuartige zu entwickeln. In erster Linie soll hierbei durch einen höheren Realitätsbezug vor allem die Aussagekraft der Prüfungsergebnisse erhöht werden.

Das Gebiet der Prüfsysteme ist inzwischen sehr groß, die oben erwähnten Probleme treten aber in nahezu allen Bereichen auf. Exemplarisch wird hier der Bereich der Sitzprüfsysteme einer näheren Untersuchung unterzogen. Die geprüften Sitze haben einen sehr komplexen Aufbau, da sie aus mehreren, höchst unterschiedlichen Komponenten bestehen (Metallgerüst, Federn, Schaumstoff, Überzug, etc.) [30]. Ihr Verschleißverhalten lässt sich daher nicht aus dem der Einzelkomponenten ableiten. Eine weitere Schwierigkeit resultiert aus den stark unterschiedlichen Beanspruchungen, welche aus den verschiedenen Bewegungen auf dem Sitz resultieren. Da diese Systeme zu den komplexesten gehören, ist zu erwarten, dass die hierbei gewonnenen Erkenntnisse auch auf andere Systeme übertragbar sind.

## 1.3 Zielsetzung

Das Ziel dieser Arbeit ist die Verbesserung der Ermüdungsprüfung speziell im Bereich vom Menschen benutzter Gegenstände. Durch Imitation der menschlichen Bewegungen soll die Beanspruchung während der Prüfung realistischer werden und somit zu besseren Ergebnissen führen. Am Beispiel der Sitze werden die bisherigen Prüfsysteme auf ihre Eignung zum Prüfen hin untersucht. Davon ausgehend wird ein Anforderungskatalog für ein neues Prüfverfahren erarbeitet. Anhand dessen wird ein Prüfsystem konzipiert und realisiert, welches diesen Anforderungen genügt.

Die für die automatische Durchführung der Prüfung notwendigen Daten (z. B. Kräfte und Bahnen) werden bei der Benutzung des Sitzes durch den Menschen aufgezeichnet. Diese sollen mit ausreichender Genauigkeit bestimmt werden, um damit neue realistischere Prüfungen spezifizieren zu können. Die so generierten Prüfverfahren werden schließlich auf dem neuen Prüfsystem ausgeführt und auf ihre Realitätsnähe hin untersucht.

## 1.4 Gliederung und Kapitelübersicht

Die vorliegende Arbeit gliedert sich in acht Kapitel. Zunächst wird in Kapitel 2 eine Übersicht über den Stand der Forschung bei Prüfverfahren und den Stand der Technik bei Prüfsystemen gegeben, wobei das Hauptaugenmerk auf Ermüdungsprüfungen mit ihrem Spezialfall Sitzprüfsysteme liegt. Abgeschlossen wird dies von einer Analyse der Vor- und Nachteile der bisherigen Systeme. In Kapitel 3 folgt die Anforderungsanalyse für das neue Prüfsystem und dessen Spezifikation. Diese beinhaltet die Themen Datengewinnung, Bewegungsgenerierung und Kraftregelung, welche in den nachfolgenden Kapiteln besprochen werden. Kapitel 4 beschäftigt sich mit der Datengewinnung, speziell mit der Messung und Aufbereitung der Bewegungsbahnen und der Kraftverläufe. Dies führt schließlich zur Spezifikation eines neuen Prüfverfahrens unter Berücksichtigung der menschlichen Bewegung. Anschließend folgen in Kapitel 5 die theoretischen Grundlagen für zwei neue Bewegungsprofile. Es handelt sich hierbei um sechsdimensionale, sinusförmige Bewegungen im Arbeitsraum zur Ausführung von Schwingungsprüfungen und zeitindizierte, splineförmige Bewegungen zur Imitation der menschlichen Bewegungen. Kapitel 6 beschäftigt sich zunächst mit der Analyse des Systems „Sitz“ und der Kraftmessung. Nach der Vorstellung aktueller Kraftregelungsverfahren folgt die Auswahl des für dieses System am besten geeigneten Verfahrens und dessen Umsetzung. Ergebnisse werden in Kapitel 7 präsentiert, während die Zusammenfassung und der Ausblick in Kapitel 8 zu finden sind. In Anhang A werden einige Grundlagen der Robotik und der Mathematik erklärt, welche in dieser Arbeit verwendet werden. Auf die hier benutzte Symbolik wird in Anhang B eingegangen. Anhang C enthält die detaillierte Darstellung der Berechnungen zur Einhaltung der Geschwindigkeits- und Beschleunigungslimits bei den in Kapitel 5 vorgestellten splineförmigen Bewegungen. Die Definition wichtiger Begriffe ist im Glossar am Ende der Ausarbeitung zu finden.

# Kapitel 2

# Stand der Forschung und Technik

In diesem Kapitel wird eine Übersicht über Prüfverfahren und Prüfsysteme gegeben. Der Schwerpunkt liegt hierbei auf der Ermüdungsprüfung und den Sitzprüfsystemen als Spezialfall hiervon.

## 2.1 Prüfverfahren

Nach DIN EN 45001 ist Prüfen ein technischer Vorgang, der aus dem Bestimmen eines oder mehrerer Kennwerte eines bestimmten Erzeugnisses, Verfahrens oder einer Dienstleistung besteht und gemäß einer vorgeschriebenen Verfahrensweise (Prüfverfahren) durchzuführen ist.

Wie in der Einleitung schon deutlich wurde, sind Korrosions-, Bewitterungs-, biologische und zerstörungsfreie (akustische, elektrische, magnetische, etc.) Prüfverfahren nicht Teil dieser Arbeit und werden daher auch in diesem Kapitel nicht betrachtet. Gleiches gilt für die Materialprüfung, welche beispielsweise in Hütte [35] und Blumenauer [20] sehr übersichtlich dargestellt ist.

Vielmehr sind hier *zerstörende Prüfungsverfahren* von Interesse. Vor allem die Bereiche Ermüdungsprüfung und Tribologie werden im Folgenden betrachtet.

### 2.1.1 Ermüdungsprüfung

Die Ermüdungsprüfung kann auf eine sehr lange historische Entwicklung zurückblicken. Bei allen Verfahren wird das zu prüfende Objekt einer spezifizierten Beanspruchungsfunktion unterzogen. Wöhler führte schon 1870 die nach ihm benannte „Wöhler-Kurve“ [82] ein, welche die maximale Spannungs-Schwingbreite eines Materials als Funktion der Lastwechselanzahl darstellt.

Goodman erweiterte dieses Prüfverfahren um eine weitere, der Schwingbeanspruchung überlagerten konstanten Spannung und führte damit einen weiteren Parameter ein [44]. Gassner versuchte unregelmäßige Beanspruchungsfunktionen bei Flugzeugen durch eine Abfolge von Lastwechselgruppen (Blöcke) zu simulieren und führte 1939 hierfür den Begriff „Betriebsfestigkeit“ ein [42]. Diese Blöcke bestanden aus einer festen Anzahl Lastwechsel mit gleicher Schwingbreite. Somit konnte zwar die Häufigkeitsverteilung der Schwingbreiten korrekt simuliert werden, allerdings war deren Abfolge stark generalisiert. Mit dem Einzug der Servohydraulik konnten nahezu beliebige Beanspruchungsfunktionen realisiert werden. Dies führte beispielsweise zu Prüfverfahren wie „random loading“[41], bei denen statistische Überlegungen zugrunde liegen. Weiterhin war es nun möglich, in so genannten Nachfahrversuchen [23], die in natura gemessenen Beanspruchungsfunktionen besser zu simulieren.

### 2.1.2 Tribologische Prüfung

Tribologie ist die Wissenschaft und Technik von aufeinander einwirkenden Oberflächen in Relativbewegung. Sie umfasst das Gesamtgebiet von Reibung und Verschleiß, einschließlich Schmierung, und schließt entsprechende Grenzflächenwechselwirkungen sowohl zwischen Festkörpern als auch zwischen Festkörpern und Flüssigkeiten oder Gasen ein (DIN 50232-2).

In DIN 50323-86 werden folgende Kategorien der tribologischen Prüfung unterschieden, wobei mit aufsteigender Kategorie der Realitätsbezug abnimmt, während die Abstraktion zunimmt.

**Kategorie I** Betriebsversuch (Feldversuch) mit kompletter Anlage.

**Kategorie II** Prüfstandversuch mit kompletter Maschine/Anlage

**Kategorie III** Prüfstandversuch mit komplettem Aggregat/Baugruppe

**Kategorie IV** Versuch mit Modellsystem (unverändertes Bauteil oder verkleinertes Aggregat)

**Kategorie V** beanspruchungsähnlicher Versuch mit Probekörpern

**Kategorie VI** Modellversuch mit einfachen Probekörpern (Teile mit vergleichbarer Beanspruchung)

#### Verschleißprüfung

Meng untersuchte in seiner Dissertation [55] über 5000 Veröffentlichungen zum Thema „Verschleiß“ und verglich die darin aufgestellten Modelle und Gleichungen. Diese große Anzahl von Veröffentlichungen zeigt deutlich, dass sehr viel in diesem Bereich geforscht wird. In seiner Veröffentlichung [56] ist eine Zusammenfassung der Ergebnisse zu finden. Er teilt die Entwicklung von 1947 bis 1992 in drei, sich teilweise überlappende Phasen ein.

Bis 1970 wurden empirische Gleichungen direkt aus Daten von Prüfungen aufgestellt, bei denen einige wenige Bedingungen variiert wurden. Diese Gleichungen sind nur im Rahmen dieser Prüfungen anwendbar, haben dort aber eine wesentlich höhere Genauigkeit als theoretische Gleichungen. Einflussfaktoren wie Temperatur und Oberflächenrauheit, etc. wurden nicht berücksichtigt.

In der zweiten Phase von 1970 bis 1980 waren auf Kontaktmechanik basierende Gleichungen verbreitet. Sie gehen von einem System mit einfachen Zusammenhängen zwischen den Arbeitsbedingungen aus und berücksichtigen meist die Beschaffenheit der Kontaktoberfläche zur Berechnung der lokalen Kontaktregion. Meist werden konventionelle Materialparameter wie z. B. die Härte oder das Young'sche Modul als wichtige Einflussgrößen des Verschleißes angesehen. Das bekannteste Beispiel hierfür ist wohl das schon wesentlich früher (1953) veröffentlichte Archard'sche Gesetz des Gleitverschleißes [7]:

$$W = Ks\frac{P}{p_m} \tag{2.1}$$

Es stellt einen Zusammenhang zwischen dem Verschleißvolumen $W$, dem Gleitweg $s$, der aufgebrachten Last $P$ und dem Fließdruck $p_m$ dar. $K$ ist der Archard'sche Verschleißkoeffizient, der in einer statistischen Deutung die Wahrscheinlichkeit des Abtrennens adhäsiver Verschleißpartikel beschreibt. Archard fasste damit die Ideen der spezifischen Gleitung (Kombination aus Kontaktdruck und Gleitgeschwindigkeit), der Adhäsion und des echten Kontaktgebietes (real area of contact) in einer Gleichung zusammen.

Seither wurden Gleichungen basierend auf Materialfehlermechanismen aufgestellt. Dies ist darauf zurückzuführen, dass sich zwei Erkenntnisse durchgesetzt haben. Zum einen wird nun anerkannt, dass der Verschleißwiderstand keine intrinsische Materialeigenschaft ist. Weiterhin ist begriffen worden, dass die mechanischen Eigenschaften nicht direkt anwendbar sind. Der Schwerpunkt wird daher in Richtung von Größen wie Materialfluss, Bruchzähigkeit, etc. verlegt.

Eine Übersicht über aktuelle Prüfverfahren und Prüfsysteme für Reibung und Verschleiß ist in [1] zu finden. Es werden standardisierte Verfahren der ASTM (American Society for Testing and Materials) und Prüfmaschinen unterschiedlicher Firmen aus den USA, England, den Niederlanden und Deutschland vorgestellt. Weiterhin wird auf die Arbeit von staatlichen Organisationen wie der Bundesanstalt für Materialforschung und -prüfung (BAM) in Deutschland und den Industrial units of tribology (IUT) in England hingewiesen. Die meisten Ergebnisse sind für Metalle verfügbar, nur wenige beschäftigen sich mit Polymeren [38].

Es gibt auch schon Versuche, tribologische Vorgänge mittels der Finiten Elemente Methode zu simulieren [45] [48]. Diese benutzen unterschiedliche Modelle wie beispielsweise das von Bay-Wanheim [14] [80] oder tribologische Schichten. Sie beschränken sich aber immer auf einen speziellen tribologischen Vorgang und können auch nur diesen mit akzeptabler Genauigkeit beschreiben.

## 2.2 Prüfsysteme

Ein Prüfsystem besteht nach Erismann [39] aus folgenden Teilen:

**Krafteinleitungen** zur Übertragung der erforderlichen Kräfte und Momente an mindestens zwei Punkten auf die Probe;

**Antrieb** zur Relativbewegung mindestens einer Krafteinleitung gegenüber den übrigen, um die notwendige Energie auf die Probe zu übertragen;

**Steuerung** zur Beeinflussung der Energiezufuhr zum Antrieb, um eine kontrollierte Verformung der Probe zu ermöglichen;

**Reaktionsstruktur** zur Abstützung aller Krafteinleitungen;

**Energieversorgung** zur Speisung der Antriebe;

**Messgeräte** zur Erfassung der relevanten Versuchsparameter;

**Datenerfassung** zur Aufzeichnung und Speicherung der Versuchsdaten;

**Programmierung** zur Vorgabe der Solldaten.

Dies trifft selbstverständlich auch auf die, im Folgenden vorgestellten Ermüdungsprüfungs- und Sitzprüfsysteme zu. Hierbei gibt es aber vor allem bezüglich der Punkte Antrieb, Steuerung und Messgeräte große Unterschiede. Die meisten Systeme sind daher auf ein spezielles Prüfverfahren beschränkt und in ihrem Aufbau viel zu unflexibel, um an andere angepasst zu werden.

### 2.2.1 Ermüdungsprüfungssysteme

Es gibt eine Vielzahl von Ermüdungsprüfungssystemen. Hierbei wird meist eine Schwingbelastung auf den Prüfkörper aufgebracht. Abbildung 2.1 zeigt beispielhaft den Servopulser der Firma Shimadzu. Das System besitzt einen digitalen, elektro-hydraulischen Servocontroller zur Belastungsgenerierung und Datengewinnung mit hoher Geschwindigkeit. Es kann sowohl zur Ermüdungsprüfung, als auch zur statischen Belastungsprüfung von Materialien aus Gummi oder Plastik verwendet werden. Weiterhin können dynamische Eigenschaften des Materials bis zu einer Frequenz von 500 Hz ermittelt werden.

Wie an diesem Beispiel erkennbar ist, sind diese Systeme in ihrer Einsetzbarkeit sehr begrenzt. Daher eignen sie sich nicht zur Imitation menschlicher Bewegungen und werden nicht weiter betrachtet.

Abbildung 2.1: Servopulser der Firma Shimadzu.

### 2.2.2 Sitzprüfsysteme

Sitzprüfsysteme können als Erweiterung bzw. Spezialisierung von Ermüdungsprüfungssystemen angesehen werden. Man kann hierbei zwei Klassen unterscheiden. Bei der so genannten Vibrationsprüfung wird der komplette Sitz auf einer beweglichen Plattform fixiert und mit deren Hilfe bewegt, während die andere Prüfungsform die Bewegung des Menschen auf dem unbewegten Sitz imitiert.

Bei den Vibrationsprüfungen wird der Sitz oftmals durch einen passiven Dummy zur Simulation der Belastung durch eine Person beschwert. Die Plattform führt nun Bewegungen aus, welche beim Fahren des Autos auftreten. Hierbei handelt es sich um eine so genannte Fahrsimulationsprüfung. Der Dummy wird dabei nicht aktiv bewegt, sondern reagiert passiv auf die von außen aufgebrachten Bewegungen. Diese Prüfungen berücksichtigen nicht die selbständige Bewegung der Person und liegen daher nicht in dem Bereich dieser Arbeit. Trotzdem werden hier beispielhaft zwei Systeme kurz vorgestellt.

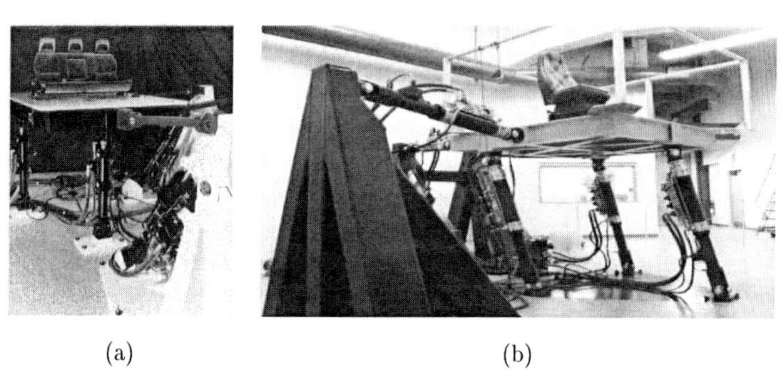

(a) (b)

Abbildung 2.2: Vibrationsprüfsysteme. (a) „Multi-Axial Simulation Table" (MAST) der Firma MTS Systems Corporation. (b) „Multi Axis Test Machine" der Firma Servotest.

Abbildung 2.2 zeigt links den „Multi-Axial Simulation Table" der MTS Systems Corporation. Es besitzt sechs Freiheitsgrade zur realistischen Simulation von mehrachsigen Vibrationsumgebungen. Die Sitze werden auf einem Tisch aus Aluminium montiert. Dieser wird dann mit Hilfe der Linearaktoren bewegt. Hierzu sind unterschiedliche Regelungssysteme verfügbar, welche die Ausführung einer Vielzahl von Bewegungen erlauben. Der rechte Teil von Abbildung 2.2 stellt die „Multi Axis Test Machine" der Firma Servotest dar. Sie ist ebenfalls in der Lage simultane sechsdimensionale Bewegungen zur Durchführung von Ermüdungsprüfungen für Autositze auszuführen und ist mit dem vorher genannten System vergleichbar. Normalerweise werden diese Systeme im Frequenzraum geregelt, es gibt aber schon Ansätze zur erheblich flexibleren Regelung im Zustandsraum [73].

Bei vielen Sitzprüfsystemen ist deutlich erkennbar, dass sie aus Schwingungsprüfungen entstanden sind. Die Firma Testometric bietet beispielsweise einachsige, kraftgeregelte Systeme zum Prüfen von Schaumstoffen und Sitzen an. Abbildung 2.3 zeigt eines ihrer Systeme welches noch eine sehr große Ähnlichkeit mit dem herkömmlichen Ermüdungsprüfungssystemen besitzt.

Die Firma Schap Speciality Machine, Inc. bietet in diesem Bereich zwei Systeme an. Abbildung 2.4 zeigt links den „Simple Fatigue Tester". Dieses System besitzt einen pneumatischen Zylinder, welcher zwischen zwei kraft-

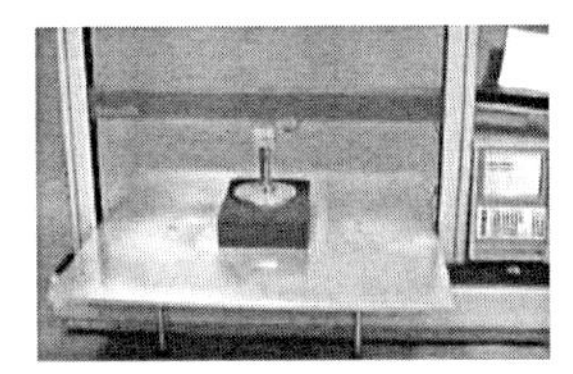

Abbildung 2.3: Schaumstoffprüfsystem der Firma Testometric.

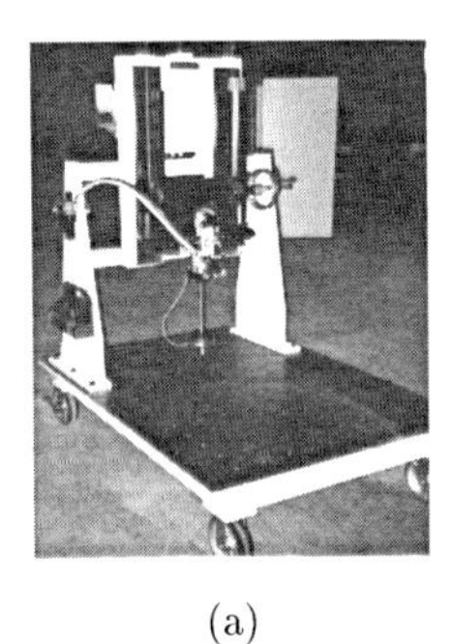

(a)

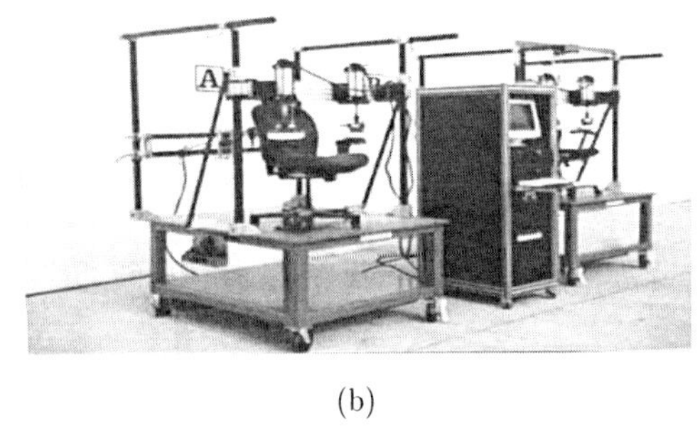


(b)

Abbildung 2.4: Einfache Sitzprüfsysteme der Firma Schap Speciality Machine, Inc. (a) „Simple Fatigue Tester“. (b) „Flexible Sequential Fatigue Tester“.

geregelten Punkten oszilliert. Die Geschwindigkeit wird durch zwei pneumatische Geschwindigkeitsregler eingestellt, während zusätzlich die gewünschte Zyklenanzahl vorgegeben werden kann.

Der in Abbbildung 2.4(b) dargestellte „Flexible Sequential Fatigue Tester“ besitzt mehrere pneumatische Zylinder welche beliebig montiert werden können. Die Lastprofile sind frei programmierbar und werden durch die PC-basierte Regelung ausgeführt. Die Kraft wird mit Hilfe von Sensoren in den Linearachsen gemessen und zur Kraftregelung rückgekoppelt. Weiterhin verfügen die Zylinder über Positionssensoren zur Aufzeichnung des Kraft-Weg-Verlaufs.

Abbildung 2.5 zeigt rechts das einachsige Ermüdungsprüfungssystem für Sitzmetallrahmen der Firma Brose. Rechts ist das „FMVSS 202 Seat Back Test System“ der Firma TMSI Test Measurement Systems, Inc. dargestellt. Dieses System führt die Kopfstützenprüfung gemäß FMVSS 202 [40] durch, kann aber auch weitere Prüfungen der Rückenlehne bzw. Steifigkeitsmessun-

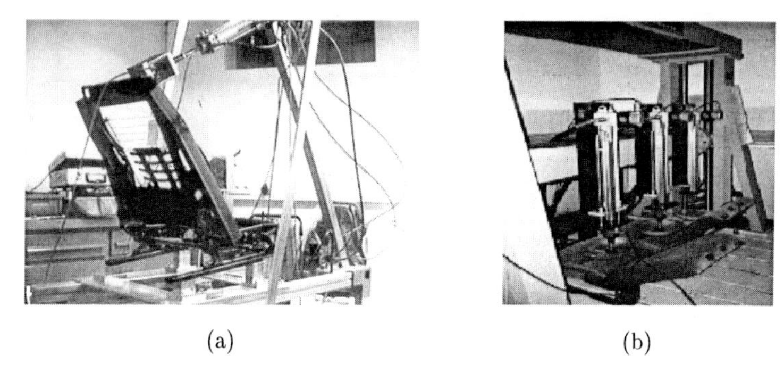

(a) (b)

Abbildung 2.5: (a) Rahmenprüfsystem der Firma Brose. (b) Rückenlehnenprüfsystem der Firma TMSI.

gen durchführen. Das Prüfsystem besitzt drei elektrohydraulische Antriebe, Kraftmessdosen und Wegmesssysteme. Die Kraftregelung und Prüfungsausführung wird mit Hilfe eines PCs durchgeführt.

Abbildung 2.6: Modell des Sitzprüfsystems der Fraunhofer-Gesellschaft.

Etwas aufwändiger ist das von der Fraunhofer-Gesellschaft entwickelte Prüfsystem für Autositze (Abb. 2.6). Es ist sehr flexibel konfigurierbar und verfügt über mehrere kraftgeregelte Lineareinheiten um das Sitzkissen, die Rückenlehne und die Kopfstütze zu prüfen.

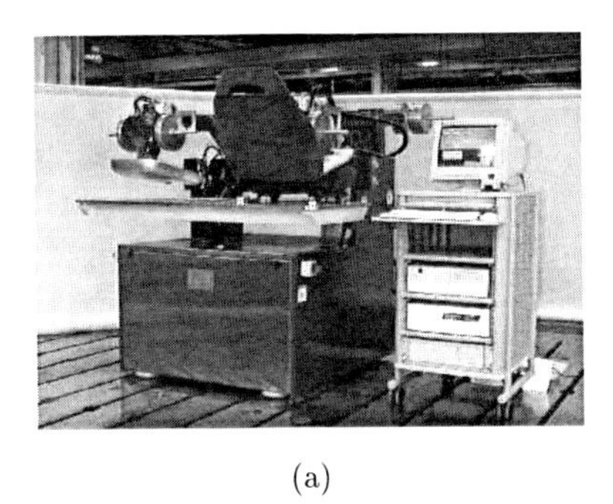

(a)

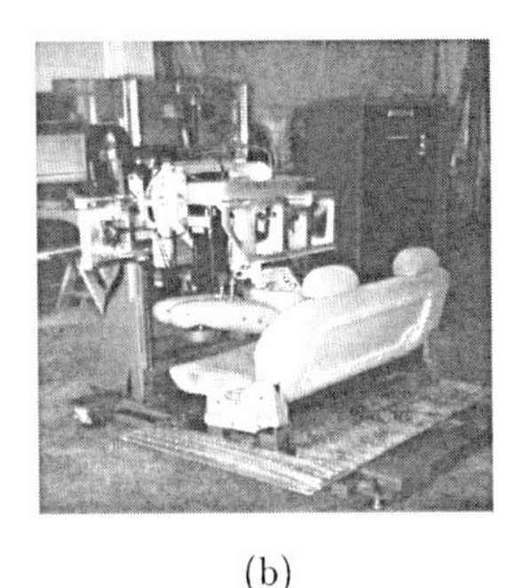

(b)

Abbildung 2.7: (a) „Single Axis Test System“ der Firma Servotest. (b) „Ingress-Egress Tester“ der Firma Schap Speciality Machine, Inc.

Fortschrittlichere Systeme verwenden so genannte Attrappen oder Dummys, welche eine menschenähnliche Form besitzen. Für Belastungsprüfungen der Sitzfläche wird ein Oberschenkeldummy und für die Rückenlehne ein Rückendummy verwendet. Es werden aber auch kombinierte Attrappen bestehend aus Oberschenkel- und Rückenteil eingesetzt.

Die einfachste Version ist das links in Abb. 2.7 dargestellte „Single Axis Test System“ der Firma Servotest. Es besitzt einen einfachen Oberschenkeldummy und ist nur in der Lage vertikale Bewegungen mit diesem durchzuführen.

Abbildung 2.7(b) zeigt den „Ingress-Egress Tester“ der Firma Schap Specialty Machine, Inc. Das System besteht aus vier servoelektrisch und drei pneumatisch angetriebenen Achsen. Der Dummy führt damit Relativbewegungen zum Sitz aus. Diese bestehen aus einer Kombination von rein/raus, links/rechts, hoch/runter und Rotationsbewegungen. Zusätzlich kann der freie Fall eines Gewichts und die Bewegung der Beine ausgeführt werden. Alle Teilbewegungen können gleichzeitig oder in beliebiger Reihenfolge ausgeführt werden. Die Steuerung ist PC-basiert und läuft auf einem Windows-System. Zur Datenerfassung steht eine digitale Kamera zur Verfügung, welche während der Prüfung Bilder von dem Sitz machen kann. Das System ist rein positionsgeregelt und verfügt über keine Kraftsensorik.

In Abbildung 2.8 ist links das Sitzprüfsystem S3 der Firma W.E.T. Automotive Systems AG dargestellt. Es handelt sich hierbei um ein vierachsiges System, welches das Hineinrutschen in den Sitz simuliert. Der Sitz ist auf einem Wagen moniert, welcher horizontal in zwei Richtungen bewegt werden kann. Zusätzlich kann der Dummy vertikal auf und ab und rotatorisch um

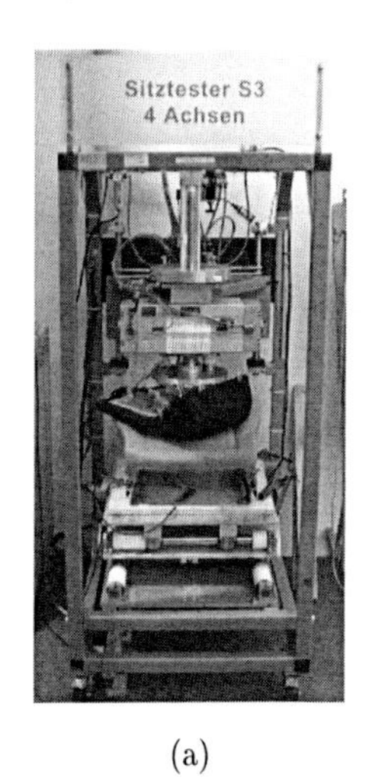


(a)

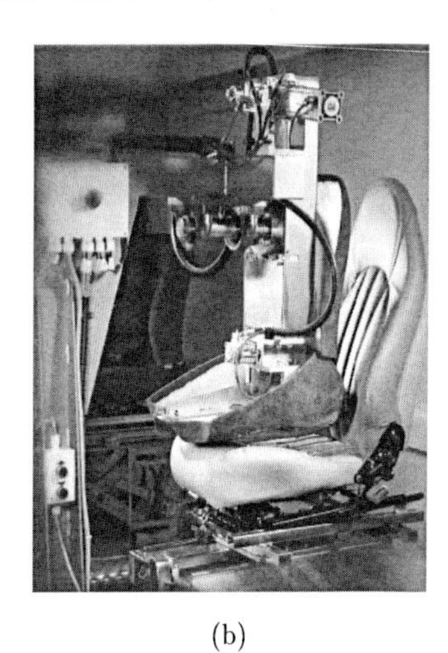

(b)

Abbildung 2.8: (a) Vierachsiges Sitzprüfsystem S3 der Firma W.E.T. Automotive Systems AG. Mit freundlicher Genehmigung der W.E.T Automotive Systems AG. (b) Sitzprüfsystem der Firma Kongsberg Automotive ASA.

die vertikale Achse bewegt werden, wobei die Kraft in Vertikalrichtung durch Gewichtscheiben eingestellt wird.

Abbildung 2.8(b) zeigt das momentan wohl am weitesten fortgeschrittene System. Es wurde von der Firma Kongsberg Automotive ASA entwickelt und wird von dieser Firma nur intern zum Prüfen ihrer Sitzheizungssysteme verwendet. Es besitzt fünf Antriebe um komplexe Bewegungen auf dem Sitz durchzuführen, wobei auch die Ausführung einer stark vereinfachten Version der Einstiegs-Ausstiegsbewegung möglich ist. Hierbei können nacheinander sowohl die Sitzfläche, als auch die Rückenlehne geprüft werden. Leider ist nicht bekannt, inwieweit das System kraftgeregelt wird, da wegen Firmengeheimnissen keine entsprechenden Informationen vorliegen. Da es aber nur über fünf Achsen verfügt, ist es nicht in der Lage, einen Körper beliebig im Raum zu positionieren und zu orientieren.

### 2.2.3 Bewertung

Es wurden nur drei Systeme gefunden, welche komplexere Bewegungen ausführen können. Es handelt sich hierbei um den „Ingress-Egress Tester“

(Abb. 2.7(b)), das Vierachssystem der Firma W.E.T. (Abb. 2.8(a)) und den Kongsberg Tester (Abb. 2.8(b)). Letzterer ist sicherlich das komplexeste System auf dem Markt und erlaubt die Prüfung des Sitzkissens und der Rückenlehne in Einbaulage, also waagrecht bzw. senkrecht. Die anderen Systeme beherrschen diese Prüfung der aufrechten Rückenlehne in der Regel nicht, weshalb sie in waagrechter Position geprüft werden muss. Dies kann die Prüfungsergebnisse aber gravierend verfälschen. So ist z. B. ein Fall bekannt, bei dem Sitzheizungsspiralen im Betrieb versagten, obwohl sie die Prüfung problemlos bestanden hatten. Allerdings wurde diese in waagrechter Position ausgeführt, wodurch das in der Realität auftretende Absinken der Heizspiralen nicht richtig simuliert und daher auch nicht richtig geprüft werden konnte. Die richtige Lage des Sitzes während der Prüfung ist daher sehr wichtig und stellt größere Anforderungen hinsichtlich der Beweglichkeit des Prüfsystems.

Allerdings ist keines der hier vorgestellten Systeme dazu in der Lage, sechsdimensionale Bewegungen im Arbeitsraum durchzuführen, weshalb sie einen starren Dummy nicht beliebig bewegen können. Für die Simulation menschlicher Bewegungen ist dies aber eine Mindestvoraussetzung, welche keines dieser Systeme erfüllt. Weiterhin sind die Möglichkeiten zur Kraftregelung sehr begrenzt. In den meisten Fällen wird die Kraft durch Gewichte festgelegt. Dies beschränkt das System allerdings auf vertikale Krafteinwirkung in Richtung der Erdanziehungskraft. Andere Systeme können nur die Kraft in einzelnen Achsen messen, was die Genauigkeit und Flexibilität stark reduziert.

## 2.3 Zusammenfassung

In diesem Kapitel wurde eine Übersicht über aktuelle Sitzprüfsysteme gegeben. Es ist klar erkennbar, dass diese oftmals aus Schwingungsprüfungen entstanden und daher meist nur zu einfachen Bewegungen in der Lage sind. Kraftregelung wird in den seltensten Fällen verwendet und dann auch nur in einzelnen Dimensionen. Die meisten Systeme sind speziell für ein Prüfverfahren konstruiert und deshalb sehr unflexibel. Insgesamt ist keines der hier vorgestellten Verfahren in der Lage, einen Dummy beliebig in Position und Orientierung entlang einer vorgegebenen Raumkurve zu bewegen, geschweige denn eine Regelung mehrdimensionaler Kräfte durchzuführen. Diese Systeme sind daher für die Durchführung einer Prüfung ungeeignet, welche die menschlichen Bewegungen imitieren soll.

# Kapitel 3

# Anforderungsanalyse und Spezifikation

## 3.1 Analyse des Prüfvorgangs

### 3.1.1 Aufbau des Sitzes

In erster Linie besteht ein Autositz aus einem Metallrahmen, Federn und Schaumstoff, umgeben von einem Überzug aus Stoff oder Leder. Im Sitz können sich aber auch noch weitere Komponenten wie Heizspiralen, Lüfter, Airbags, etc. befinden. Es handelt sich also um ein hochkomplexes System, dessen Verhalten von einem Sitztyp zum nächsten stark variiert und auf Grund der stark heterogenen Zusammensetzung nur unzureichend modellierbar ist.

### 3.1.2 Beanspruchungsanalyse

Beanspruchung ist die Gesamtheit der äußeren Einwirkungen auf die Probe, in dem hier vorliegenden Fall also auf den Sitz. Diese können mechanisch, thermisch, strahlungsphysikalisch, chemisch, biologisch oder tribologisch sein und auf die Oberfläche oder das Volumen wirken. Autositze unterliegen vor allem thermischen, strahlungsphysikalischen, mechanischen und tribologischen Beanspruchungen, wobei nur die beiden letzteren in den Bereich dieser Arbeit fallen. Der Fokus dieser Arbeit liegt auf der Imitation der vom Menschen verursachten Beanspruchung, hiermit scheiden Fahrbelastungen aus, da diese zu dem Themengebiet der Fahrsimulationsprüfung fallen. Es gibt ein breites Spektrum von möglichen Bewegungen des Menschen, welches von Ganzkörperbewegungen (z. B. Ein- und Aussteigen), bis hin zu kleinen Bewegungen der Beine und des Oberkörpers (z. B. beim Drücken des Gaspedals) reicht.

Durch die Relativbewegungen zwischen Mensch und Sitz werden Kräfte in den Sitz eingeleitet. Diese werden im Folgenden als Belastung bezeichnet und führen zu Reaktionen des Sitzes. Die Kräfte wirken sowohl an der Oberfläche, als auch im Inneren des Sitzes. An der Oberfläche handelt es sich um tribologische Beanspruchungen der Randschicht des Sitzes durch Kontakt und Relativbewegung. Diese führen hauptsächlich zu einem Verschleiß des Sitzbezugs, wodurch dieser im Laufe der Zeit immer dünner wird, bis er schließlich reißt. Die tribologischen Elementarprozesse von Reibung und Verschleiß sind stochastischer Natur und laufen als dissipative, nichtlineare, dynamische Vorgänge in zeitlich und örtlich verteilten Mikrokontakten ab [36]. Tribologische Prozesse gehören daher in den Bereich der „Chaoswissenschaften“ und sind nur unzureichend modellierbar. Deshalb wird üblicherweise versucht, die realen tribologischen Prozesse durch die Prüfung möglichst realistisch nachzuahmen.

Die Volumenbeanspruchungen wirken auf die inneren Teile des Sitzes. Die Elastizität der Metallrahmen und der Federn führt, zusammen mit der Viskoelastizität des Schaumstoffs, zu komplexen Reaktionen auf die externen Belastungen. Wie bei jedem Elastomer hängen hierbei die Ermüdungseigenschaften nicht allein von der Basisrezeptur (Polymer, Füllstoff, Weichmacher), sondern von dem Vernetzungssystem und dem Alterungsschutz ab. Insofern reagiert das Material empfindlich gegenüber Änderungen bezüglich unterschiedlicher Belastungen, Dehnungsgeschwindigkeiten sowie Temperaturen [2].

Durch den komplexen inneren Aufbau des Sitzes und die mehrdimensionalen Belastungen wirken nicht nur die externen, sondern auch indirekt die, durch die Wechselwirkung der Bauteile verursachten Kräfte. Man kann vor allem zwei unterschiedliche Beanspruchungen, nämlich die Kompression und die Scherung unterscheiden. Die Kompression führt im Laufe der Zeit zu einer plastischen Verformung des Schaumstoffs, wodurch sich dessen Volumen reduziert und die Elastizität somit abnimmt. Die Scherkräfte führen hingegen zu Mikrobrüchen im Schaumstoff, welche im Laufe der Zeit Makrobrüche, also ein Abreißen, verursachen.

Neben der Belastung des Schaumstoffs ist auch die der anderen Teile im Inneren des Sitzes nicht zu vernachlässigen. Der Metallrahmen und die Federn sind vergleichsweise stabil, können aber trotzdem versagen. Beispielsweise ist durch starke Belastung der Rückenlehne ein Bruch der Verankerung möglich. Wesentlich empfindlicher sind allerdings die anderen, zusätzlichen Komponenten wie Heizspiralen, Lüfter, etc. Ein Bruch der Isolierung einer Heizspirale kann zu einem Kurzschluss führen, welcher den Sitz in Brand stecken kann. Dieser Worst-Case sollte tunlichst vermieden werden, insofern ist gerade bei Herstellern dieser Systeme die Nachfrage nach besseren Prüfverfahren besonders groß.

Zusammenfassend ist erkennbar, dass äußerst komplexe Vorgänge im und auf dem Sitz ablaufen, welche im Laufe der Zeit zu seiner Abnutzung führen. Diese Vorgänge sind derartig komplex, dass sie nur unzureichend modelliert werden können. Insofern ist eine direkte Prüfung am Sitz immer noch unumgänglich. Um hierbei aussagekräftige Ergebnisse zu erhalten, ist es notwendig, die Beanspruchung möglichst realitätsnah durchzuführen. Im weiteren Verlauf dieses Kapitels sollen nun die Anforderungen an ein derartiges Prüfsystem festgelegt und deren Realisierungsmöglichkeiten untersucht werden.

## 3.2 Spezifikation

Zur Festlegung der Spezifikation müssen zunächst die Ziele, welche mit diesem System erreicht werden sollen, festgelegt werden. Hieraus soll ein Anforderungskatalog für das System entstehen, wobei an entsprechender Stelle auf eventuelle Einschränkungen hingewiesen wird.

### 3.2.1 Ziele

Ziel ist die möglichst genaue Imitation der, durch den Menschen verursachten Beanspruchung auf dem Sitz während seiner Benutzung [75]. Dies erfordert zum einen die genaue Ausführung der Bewegung, als auch die gleichzeitige exakte Belastung des Sitzes. Die Genauigkeit der Bewegungsausführung soll sicherstellen, dass die realen Bewegungen auf dem Sitz ausgeführt werden. Ist dies nicht der Fall, so kann es passieren, dass entweder in der Realität nicht vorkommende Bewegungen geprüft werden, oder gar falsche Teile des Sitzes, z. B. die Seitenpolster, belastet werden. Eine wesentlich höhere Bedeutung hat allerdings die Einhaltung der realen Belastung. Wird der Sitz zu stark belastet, so kann er bei der Prüfung versagen, obwohl dies im realen Betrieb niemals vorkommen würde. Wenn sie zu schwach ist, kann der gegenteilige Effekt auftreten: der Sitz besteht zwar die Prüfungen, versagt aber später bei der realen Benutzung. Beide Fälle sind unerwünscht, wobei der letztere deutlich gravierendere Folgen hat. Rekapituliert man an dieser Stelle nochmals die Eigenschaften der im vorherigen Kapitel 2 vorgestellten Sitzprüfsysteme, so wird schnell deutlich, dass diese der realistischen Beanspruchung nicht sehr nahe kommen können. Dies liegt vor allem in ihren technischen Beschränkungen, da weder ihre Beweglichkeit, noch ihre Fähigkeit zur Generierung der richtigen Belastung hierfür ausreichend ist. Dies führte in der Vergangenheit dazu, dass die Prüfungen mehr vom technisch Machbaren, als vom prüftechnisch Erforderlichen bestimmt waren.

Nun soll ein anderer Weg gegangen werden, indem von der Untersuchung der realen Belastung bis hin zu ihrer Ausführung durch das Prüfsystem mehr auf den Realitätsbezug geachtet wird. Als Einschränkung soll im ersten Schritt der menschliche Körper als starr angesehen werden. Es wird also nur die Bewegung des Gesamtkörpers im Arbeitsraum ohne interne Bewegungen imitiert. Diese Einschränkung ist nicht so gravierend wie sie zunächst erscheint, auf ihre Auswirkungen wird später an den entsprechenden Stellen noch näher eingegangen.

Als weiterer Punkt ist, vor allem zum Vergleich mit bisherigen Systemen, eine Ausführung der alten Prüfverfahren erwünscht. Hierzu sind hauptsächlich sinusförmige, teilweise kraftgeregelte Schwingungen notwendig.

Alle Prüfungen werden, wie bei Ermüdungsprüfungen üblich, über lange Zeit durchgeführt. Dies geschieht in der Form, dass über mehrere Tausend Zyklen dieselben Beanspruchungen aufgebracht werden. Aufgrund der dadurch verursachten Abnutzung treten langsame Veränderungen im Sitz auf, wodurch sich dessen Reaktionskraft ändert. Es genügt daher nicht, immer dieselben Bewegungen auszuführen, sondern es sind Korrekturen zur exakten Einhaltung der Kräfte notwendig.

### 3.2.2 Anforderungen

Die Bewegung des, als starr betrachteten menschlichen Körpers muss während der Prüfung imitiert werden. Hierzu ist sowohl die Aufzeichnung von sechsdimensionalen Bahnen im Arbeitsraum, als auch der realen Belastung des Sitzes notwendig. Für die anschließende Ausführung muss das Prüfsystem in der Lage sein, diese Bewegungen und Belastungen auszuführen. Hierzu muss sowohl die Position, als auch die Kraft geregelt werden, wofür neben entsprechender Regelungsverfahren auch Sensoren zur Erfassung der Werte benötigten werden. Zur Beurteilung der Prüfungsergebnisse ist schließlich eine Aufzeichnung wichtiger Daten notwendig. Es können somit vier Teilbereiche identifiziert werden:

- Datengewinnung
- Bewegungsgenerierung
- Kraftregelung
- Datenerfassung

Betrachtet man nun diese im Einzelnen, so ergeben sich folgende Anforderungen.

### Datengewinnung

Es muss sowohl die Bewegung des Menschen als auch die Belastung des Sitzes gemessen werden. Zur Bewegungmessung wird die Verfolgung der zeitveränderlichen Position und Orientierung von Körpern im Arbeitsraum benötigt. Zur Erfassung der Kräfte können diese sowohl am Menschen als auch auf dem Sitz gemessen werden. Die Messung erfolgt während der realen Beanspruchung des Sitzes durch den Menschen. Das Ergebnis der Datengewinnung sind im Arbeitsraum definierte sechsdimensionale Bewegungsbahnen starrer Körper und Kraftverläufe auf dem Sitz bzw. dem Menschen.

### Bewegungsgenerierung

Die Bewegungsgenerierung muss in der Lage sein, einen starren Körper auf sechsdimensionalen Bahnen im Arbeitsraum zu bewegen. Diese Bewegung muss sowohl zeitlich, als auch räumlich möglichst genau der Originalbahn entsprechen. Zur Ausführung der Sinusschwingungen müssen unabhängige Schwingungen in allen sechs Dimensionen des Arbeitsraums durchführbar sein. Diese werden jeweils durch Frequenz, Amplitude, Mittelpunkt und Phase spezifiziert. Die Bewegungen werden sehr oft ausgeführt, normalerweise mehrere zehntausend Zyklen.

### Kraftregelung

Die Kraftregelung muss in der Lage sein, im sechsdimensionalen kartesischen Raum zu arbeiten. Hierzu ist zunächst die Messung der Kräfte notwendig. Diese können sowohl am Sitz, als auch am Dummy gemessen werden. Wie oben schon erwähnt, werden die Bewegungen sehr häufig ausgeführt. Die hierbei auftretenden Kräfte ändern sich im Verlauf der Prüfung nur minimal durch Abnutzungserscheinungen des Sitzes. Beide Besonderheiten können bei der Kraftregelung benutzt werden.

### Datenerfassung

Während der Prüfung müssen die Daten aufgezeichnet werden. Wichtig ist hierbei der Verlauf der ausgeführten Bahnen und der Verlauf der Kräfte. Beide Informationen müssen in allen sechs Dimensionen des Arbeitsraums verfügbar sein.

## 3.3 Realisierung

Im vorherigen Teil wurden die Anforderungen in den vier Bereichen Datengewinnung, Bewegungsgenerierung, Kraftregelung und Datenerfassung formuliert. Nun wird auf die Realisierung der einzelnen Punkte eingegangen.

### 3.3.1 Datengewinnung

Die Datengewinnung muss Bewegungsbahnen und Belastungsverläufe aus realen Beanspruchungen des Sitzes durch den Menschen erfassen.

#### Bewegungsdatengewinnung

Zur Messung der Bewegungsbahnen wird das so genannte Motion Capturing eingesetzt. Es ist eine Methode um Bewegungsdaten von Menschen, Tieren oder Objekten in Echtzeit aufzunehmen und sie für weitere Analysen und Arbeiten auf einen Computer zu übertragen. Die Bewegungen (motion) werden also „aufgefangen" bzw. aufgenommen (to capture). Als Anwendungsfälle unterscheidet man zwischen der Bewegungsanalyse unter Verwendung einzelner Körperteile, der Verfolgung von Gesamtbewegungen und der Erkennung von Aktivitäten [3]. In dem hier vorliegenden Fall wird die Bewegungsanalyse einzelner Körperteile, speziell der Beine und des Rückens benötigt.

Es gibt vier verschiedene Klassen von Motion Capturing Systemen: optische, magnetische, mechanische und Bilderfassungssysteme. Die optischen Systeme sind am bekanntesten und es gibt eine Vielzahl von kommerziellen Systemen in diesem Bereich. Alle basieren auf der Verfolgung von reflektierenden aber ansonsten passiven Markern mittels mehrerer Kameras. Diese Marker reflektieren entweder im sichtbaren oder im infraroten Bereich des Lichts. Kommerzielle Systeme sind beispielsweise die Systeme von Vicon Motion Systems [78], der Motion Analysis Corporation [61] und von Qualisys [69]. Beispiele für den wissenschaftlichen Einsatz sind Moorehead [60] zur Bestimmung der Position des Hüftgelenks bzw. Stoddart [76] zur Verfolgung der Kniebewegung.

Magnetische Systeme verwenden Hall-Sensoren als aktive Marker. Diese messen ein tieffrequentes magnetisches Feld, das von einer Transmittereinheit ausgesendet wird. Die so gewonnenen Daten werden an eine Kontrolleinheit übermittel, welche daraus die Position und Orientierung im Raum bestimmen kann. Beispiele für kommerzielle Systeme sind Fastrack der Firma Polhemus [68] und MotionStar von der Ascension Technology Corporation [13].

Mechanische Systeme messen die Bewegung von Körperteilen direkt am Körper. Hierzu wird meist eine Art von Außenskelett, bestehend aus Stangen, welche über Gelenke miteinander verbundenen sind, verwendet. Die Bewegungen der Gelenke werden mit Potentiometern, die der Hüfte mit einem Gyroskop gemessen. Kommerzielle Systeme sind beispielsweise das Gypsy-System von Meta Motion [57] und der FullBodyTracker von X-IST Realtime Technologies [85].

Bilderfassungssysteme extrahieren aus Bilder- oder Videosystemen die Bewegung der Person ohne Verwendung zusätzlicher Markierungen. Sie sind nicht sehr weit verbreitet, stellen allerdings ein sehr aktives Forschungsgebiet dar, wobei unterschiedliche Vorgehensweisen auszumachen sind. In den Arbeiten von Polana und Nelson [67], Okawa und Hanatani [65], Cai et al. [27] und Akazawa et al. [5] werden Punkte verwendet. Andere Arbeiten [12] [83] [84] [89] [90] basieren auf den von Kauth und Pentland [49] entwickelten Blobs. Dies sind kohärente zusammenhängende Regionen in denen alle Pixel ähnliche Bildeigenschaften (wie z. B. Farbe) haben. Theobalt et al. [77] rekonstruieren das Volumen einer Person durch Kombination der Bilder mehrerer Kameras. Dieses wird schließlich auf die Bewegung von unterschiedlich detaillierten Skeletten abgebildet.

Die einzelnen Messprinzipien sollen nun auf ihre Anwendbarkeit für den hier vorliegenden Fall untersucht werden. Mechanische Systeme haben einige gravierende Nachteile. Zum einen behindert das Außenskelett zu stark beim Hinsetzen, weiterhin können nur die internen Bewegungen des Körpers, nicht aber die Bewegung im dreidimensionalen Raum erfasst werden. Da diese Information aber unbedingt notwendig ist, scheiden diese Systeme hier aus.

Bildverarbeitende Systeme sind sehr rechenaufwändig, was eine Echtzeitaufnahme erschwert. Besonders problematisch ist allerdings, dass sie nur über eine eingeschränkte Genauigkeit verfügen. Insofern kommen auch sie für diesen Anwendungsfall nicht in Frage.

Magnetische Systeme haben eine unhandliche Konstruktion. Die Person muss pro Sensor ein Kabel mitziehen, was die Bewegungsfähigkeit deutlich einschränkt. Die erzeugten Magnetfelder sind weiterhin sehr empfindlich gegenüber Metall. Da Autositze ein Metallgerüst haben, würden die Messwerte hierdurch verfälscht. Dies alles schließt den Einsatz derartiger Systeme aus.

Optische Systeme zeichnen sich dadurch aus, dass die Person nur vergleichsweise kleine Marker tragen muss, welche ihre Bewegung kaum einschränken. Der gravierendste Nachteil ist die Verdeckung von Markierungen. Dies kann aber durch Verwendung von zusätzlichen Kameras in der Regel auf ein vertretbares Maß reduziert werden.

Ein optisches System erscheint daher als geeignetste Lösung. Das System PCReflex von Innovision System Inc. wird eingesetzt. Es verwendet zur Verfolgung der Markierungen so genannte Motion Capturing Units (MCUs) von Qualisys. Hierbei handelt es sich um Infrarotkameras, welche kugelförmige

Markierungen verfolgen, die das Licht in diesem Wellenbereich reflektieren. Prinzipiell wären zwei Kameras ausreichend, zur Reduzierung der Verdeckungen werden aber sieben MCUs verwendet.

Mit dem System können somit die Bahnen der Markierungen verfolgt werden. Da diese fest mit dem Körper des Menschen verbunden sind, können hieraus die Bewegungen der einzelnen, als starr betrachteten Teile des Körpers berechnet werden. Als Ergebnis stehen dann die sechsdimensionalen Bahnen zur Verfügung. Eine genauere Darstellung der Vorgehensweise ist in Kapitel 4.2 zu finden.

#### Belastungsdatengewinnung

Die Belastung des Sitzes muss durch Sensoren erfasst werden. Hierzu sind Sensormatten geeignet, welche den Druck auf ihrer Oberfläche messen können. Es stehen unterschiedliche Messprinzipien zur Verfügung, wobei hier ein piezo-resistives verwendet wird. Zur Erfassung der Belastung des Sitzes wird jeweils eine Sensormatte auf der Sitzfläche und der Rückenlehne benötigt. Ausgewählt wurde das System FSA Industrial Seat & Back System (ISBS) der Firma NexGen Ergonomics Inc. [63]. Es zeichnet sich vor allem durch seine geringe Dicke und Flexibilität aus, wodurch es sich sehr gut an einen Sitz anpassen lässt. Mittels einer Matrix von 16x16 Sensoren wird die Kraft senkrecht zur Matte gemessen, wobei Scherkräfte nicht erfasst werden können. Die Messfrequenz beträgt hier zwischen 3 und 5 Hz. Die Matten liefern die senkrechte Druckverteilung, aus welcher die senkrecht auf den Sitz wirkenden Kräfte extrahiert werden können. Eine nähere Beschreibung ist in Kapitel 4.3 zu finden.

### 3.3.2 Bewegungsgenerierung

Zur Ausführung der Bewegungen muss eine geeignete Kinematik zur Verfügung stehen. Da sechsdimensionale Bewegungen im Arbeitsraum auszuführen sind, bietet es sich an, hierfür einen Knickarmroboter einzusetzen. Benötigt wird neben einer ausreichenden Geschwindigkeit auch eine hohe Traglast von deutlich über 100 kg. Ideal wäre es, wenn die Steuerung in der Lage ist, die gewünschten Bewegungen (freie und sinusförmige) auszuführen. Falls nicht, muss mindestens eine entsprechende Programmierschnittstelle vorhanden sein.

Eine Analyse der verfügbaren Robotersysteme ergab, dass diese lediglich PTP-, Linear- und Zirkularbewegungen ausführen können. Hierbei wird die Bewegungsbahn mit einem Geschwindigkeitsprofil ausgeführt, woraus sich die Zwischenpunkte der Bahn bestimmen lassen. Die Zeit bis zum Erreichen des

Endpunktes lässt sich damit aber nicht genau einstellen, weshalb die freien Bewegungen nicht zeitgenau abgefahren werden können. Weiterhin besteht die Einschränkung, dass entweder an den einzelnen Punkten angehalten oder überschliffen werden muss. Das Anhalten reduziert die Geschwindigkeit erheblich, während beim Überschleifen die Endpunkte nicht erreicht werden, weil schon vorher auf die nächste Bahn übergegangen wird. Ein genaues Anfahren der Bahnpunkte ohne Anhalten ist daher nicht möglich. Auch die sinusförmigen Bewegungen stellen eine große Herausforderung dar. Zwar können mit Hilfe der zirkularen Bahnprofile Schwingungsbewegungen durchgeführt werden, allerdings sind diese sehr eingeschränkt. Vor allem die Frequenz ist, aus den gleichen Gründen wie bei den freien Bewegungen, nicht genau einstellbar, weshalb sie auch für diese Anwendung nicht in Frage kommen.

Da die gewünschte Funktionalität nicht vorhanden ist, muss ein Weg gefunden werden, um diese anderweitig zu realisieren. Die PC-basierte Robotersteuerung der Firma Kuka Roboter GmbH bietet hierfür eine entsprechende Programmierschnittstelle, weshalb sie in die engere Wahl kam. Aufgrund der Traglastanforderung wurde schließlich der in Abbildung 3.1 dargestellte KR 150 der Firma Kuka Roboter GmbH ausgewählt. Dieser Roboter hat eine maximale Tragkraft von 150 kg und einen ausreichend großen Arbeitsraum. Der Kern der Steuerung besteht aus einem Industrie-PC, wodurch die Einbindung neuer Schnittstellenkarten stark vereinfacht wird.

Abbildung 3.1: Roboter des Typs KR 150 der Kuka Roboter GmbH.

Auf der Robotersteuerung läuft das Echtzeitbetriebssystem VxWorks der Firma Wind River Systems, Inc. Hierbei handelt es sich um das wohl verbreitetste kommerzielle Echtzeitbetriebssystem im Bereich der eingebetteten

Systeme. Es basiert auf dem WIND Mikrokernel, welcher für alle gebräuchlichen Prozessoren verfügbar ist. VxWorks unterstützt die Spezifikationen POSIX 1003.1b und POSIX 1003.1c und grundlegende Systemaufrufe wie Prozessprimitive, Dateien, Verzeichnisse, E/A-Primitive und weitere. Die Benutzeroberfläche der Robotersteuerung läuft unter Windows 95 bzw. neuerdings unter Windows XP, welche jeweils als Task unter VxWorks laufen. Als Programmiersprache des Roboters ist KRL (Kuka Robot Language) vorgesehen, welche allerdings, wie bereits erwähnt, nicht die notwendige Funktionalität für diese Anwendung zur Verfügung stellt. Insofern muss ein kompletter Interpolator zur Ausführung der, in Kapitel 5 näher vorgestellten, neuen Bewegungen realisiert werden. Hierfür bietet sich bei diesem Roboter die so genannte Sensorschnittstelle an. Es handelt sich hierbei um eine Task unter VxWorks, welche in jedem Interpolationstakt ausgeführt wird und Möglichkeiten zur Beeinflussung der Gelenkpositionen besitzt. In diese Schnittstelle kann ein eigenes Programm integriert werden, welches dann die Kontrolle über die Roboterbewegung übernehmen kann. Programmiert wird es mit Hilfe der Crossentwicklungsumgebung Tornado II unter Verwendung der Programmiersprachen C oder C++.

Als Ersatz des menschlichen Körpers wird die so genannte „OccuForm“ der Firma First Technology Safety Systems verwendet. Die Größe und Kontur entspricht der neuen ASPECT (SAE J826) Definition von „50% male“ bei einem Eigengewicht von ca. 57 kg. Die Attrappe besteht aus einer hochbeständigen Fieberglasschale. Ihr Rückenteil kann zur getrennten Prüfung der Sitzfläche bzw. der Rückenlehne abgenommen werden. Zusätzlich ist der Winkel des Rückenteils einstellbar. Abbildung 3.2 zeigt die verwendete Attrappe.

### 3.3.3 Kraftregelung

Zur Regelung der Kräfte müssen diese zunächst gemessen werden können. Hierzu könnten, analog zur Vorgehensweise bei der Datengewinnung, Sensormatten verwendet werden. Dies ist aber aus zwei Gründen problematisch. Zum einen hätte man eine zusätzliche Schicht zwischen Dummy und Sitz, welche die tribologischen Beanspruchung verfälschen würde. Weiterhin sind diese Matten nicht für die bei den Prüfungen auftretende Dauerbeanspruchung geeignet, und würden sehr schnell zerstört, weshalb sie zur Messung während der Prüfung nicht in Frage kommen.

Besser geeignet ist die Messung mittels einer Kraftmessdose. Diese muss sowohl hohe maximale Kräfte und Momente messen können, als auch eine ausreichende Auflösung besitzen. Das Thema Überlastschutz ist ebenfalls von Bedeutung, da bei einer unbeabsichtigten Kollision die Kraftmessdose nicht

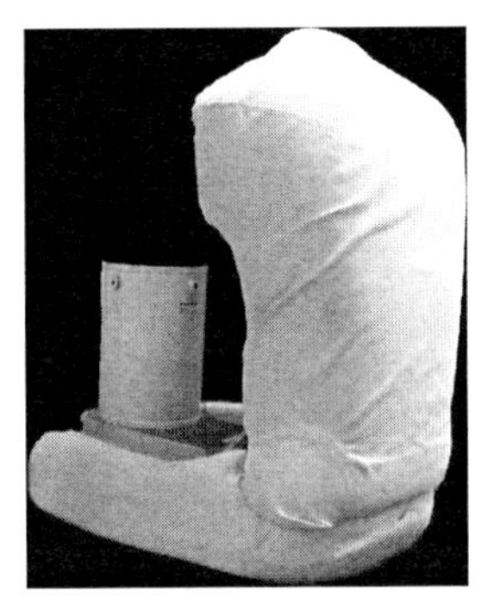

Abbildung 3.2: Die zur Prüfung des Sitzes verwendete Attrappe.

gleich zerstört werden soll.

Als geeignet erwies sich die Kraftmessdose des Modells Theta der Firma ATI Industrial Automation. Sie hat einen Messbereich von 5.000 N in z-Richtung und jeweils 2.500 N in x- und y-Richtung bei einer Auflösung von 4,0 N bzw. 2,0 N. Momente können bis 400 Nm bei einer Auflösung von 0,02 Nm gemessen werden. Weiterhin hat der Sensor einen Überlastschutz, welcher ihn bis zu Kräften von 15.500 N (x, y) bzw. 47.000 N (z) und Momenten von 1.700 Nm vor Beschädigung schützt. Diese Kraftmessdose ist also in der Lage, die während der Prüfung auftretenden Kräfte mit ausreichender Genauigkeit zu erfassen. Integriert wird die Kraftmessdose zwischen der Flansch des Roboters und dem starren Dummy. Hiermit ist es möglich, die auf den Dummy wirkenden externen Kräfte zu bestimmen. In die Robotersteuerung wird sie mittels einer ISA-Interface-Karte oder neuerdings einer PCI-Karte integriert.

Zur Auswertung der Sensordaten wird ein Treiber für das Echtzeitbetriebssystem VxWorks der Robotersteuerung benötigt. Dieser hat neben dem Zugriff auf die Funktionen der Sensorkarte auch zusätzliche Methoden zur Transformation der gemessenen Kräfte, worauf in Kapitel 6 noch näher eingegangen wird.

### 3.3.4 Datenerfassung

Für die Datenerfassung ist die Messung der Istposition und der Istkräfte notwendig. Mit den Sensoren an den Robotergelenken lässt sich deren Stellung messen und unter Verwendung der direkten Kinematik in die gewünschte Istposition im Arbeitsraum umrechnen. Die Kräfte lassen sich durch die Kraftmessdose erfassen. Es ist also keine zusätzliche Hardware zur Datenerfassung notwendig.

## 3.4 Zusammenfassung

In diesem Kapitel wurden die Ziele klar formuliert. Es geht um die Ausführung von sechsdimensionalen Bewegungen starrer Körper im Arbeitsraum bei gleichzeitiger Regelung der, auf den Sitz einwirkenden Kräfte. Ein Anforderungskatalog wurde erstellt, welcher die notwendigen Eigenschaften in den Teilbereichen Datengewinnung, Bewegungsgenerierung, Kraftregelung und Datenerfassung präzisiert. Anschließend wurde eine Untersuchung über die benötigte Hardware angestellt. Ausgewählt wurde ein optisches Motion Capturing System und Sensormatten zu Erfassung der Daten. Ein Roboter mit sechs rotatorischen Achsen inklusive Dummy wird zur Ausführung der Prüfbewegungen, und eine sechsdimensionale Kraftmessdose zur Messung der Kräfte während der Prüfung verwendet. Abbildung 3.3 zeigt den Aufbau des, in dieser Arbeit entwickelten Prüfsystems. [17].

Abbildung 3.3: Das von mir in dieser Arbeit realisierte Sitzprüfsystem mit dem Namen „OccuBot VI".

# Kapitel 4

# Datengewinnung

In Kapitel 2 wurden die bisherigen Prüfverfahren und Systeme dargestellt. Weiterhin wurde gezeigt, dass diese den Sitz nur mit sehr einfachen Bewegungen beanspruchen und daher nur wenig mit der Realität gemein haben. Durch neue, realistischere Prüfungen könnte dies verbessert werden, allerdings ist hierzu zunächst eine Auswahl repräsentativer Beanspruchungen des Sitzes notwendig. Um diese schließlich reproduzieren zu können, müssen sie zunächst aufgezeichnet und analysiert werden. Dieses Kapitel beschäftigt sich daher mit der Datengewinnung und -verarbeitung.

## 4.1 Auswahl

Das Ein- und Aussteigen ist als repräsentative Beanspruchung für Autositze besonders geeignet. Dieser Vorgang kommt sehr häufig im Lebenszyklus eines Sitzes vor, weiterhin sind die dabei auftretenden Beanspruchungen sehr kritisch für das Material. Eine Prüfung, die diesen Vorgang realistisch simuliert, kann daher die auftretende Abnutzung besser vorhersagen als die bisherigen Verfahren. Zur Spezifizierung einer derartigen Prüfung sind Daten aus der Realität notwendig. Hierzu bedarf es der Aufzeichnung der Bewegung und der Messung der Beanspruchung des Sitzes.

## 4.2 Bewegungsdatengewinnung

Wie in Kapitel 3 beschrieben, wird ein optisches Motion Capturing System verwendet, da es für diesen Anwendungsfall am besten geeignet ist. Es handelt sich hierbei um das System PCReflex von Innovision System Inc.

### 4.2.1 Messaufbau

Die Einstiegsbewegung des Fahrers wird simuliert, d. h. die Person steht zu Beginn links vom Sitz, bewegt sich dann nach rechts unten in den Sitz, bleibt einige Zeit sitzen und steht danach wieder auf. Die Datenerfassung konnte leider nicht in einem Fahrzeug vorgenommen werden, da in diesem Fall die Karosserie die Markierungen zu oft verdecken würde, wodurch keine Bewegungsdaten mehr messbar sind. Deshalb wird der Sitz außerhalb eines Fahrzeugs in der Position montiert, in der er auch im Auto eingebaut ist. Die Person führt somit nicht exakt dieselbe Bewegung wie im Fahrzeug, aber trotzdem eine sehr ähnliche aus.

Zur Aufnahme der Bewegungen werden die sieben Motion Capturing Units (MCUs) um den Sitz herum positioniert, damit möglichst wenig Verdeckungen auftreten und die einzelnen Markierungen immer von mehreren Kameras gleichzeitig detektiert werden können.

### 4.2.2 Kalibrierung

Die Kameras werden mittels eines feststehenden Testkörpers, welcher aus vier Markierungen besteht, und eines beweglichen Stabes mit jeweils einer Markierung an jedem Ende kalibriert. Dieser Vorgang wird von der Software automatisch unterstützt und erlaubt die Umrechnung der Bildpunkte jeder Kamera in dreidimensionale Weltkoordinaten. Bei einer Neupositionierung der Kameras muss diese Kalibrierung wiederholt werden.

#### Position der Markierungen

Die Kameras werden um den Sitz herum positioniert. Die Person hat Markierungen auf der Haut bzw. an den eng anliegenden Kleidungsstücken. Aus der Tatsache, dass die Markierungen nicht fest mit dem Skelett verbunden sind, können kleine Ungenauigkeiten resultieren, welche in diesem Fall allerdings tolerierbar sind.

Das Ziel ist die Ermittlung der Bewegung der Hüfte und der Relativbewegungen des Oberkörpers und der beiden Oberschenkel zu dieser. Deshalb werden insgesamt zehn Marker an folgenden Stellen angebracht:

- jeweils ein Marker an der linken und rechten Hüfte ($P_{H_r}$, $P_{H_l}$)
- jeweils ein Marker rechts und links von jedem Knie ($P_{K_{rr}}$, $P_{K_{rl}}$, $P_{K_{lr}}$, $P_{K_{ll}}$)
- jeweils ein Marker an jeder Schulter ($P_{S_r}$, $P_{S_l}$)
- ein Marker am oberen Ende des Brustbeines ($P_{B_o}$)

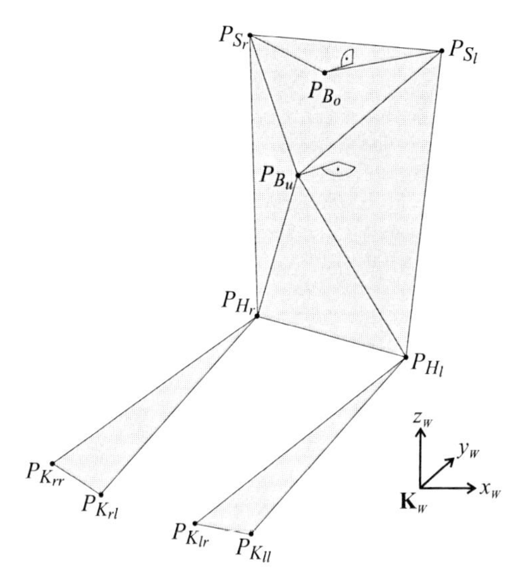


Abbildung 4.1: Position der Markierungen und Ebenen der Oberschenkel und des Oberkörpers.

- ein Marker am unteren Ende des Brustbeines ($P_{B_u}$)

Abbildung 4.1 zeigt die Positionen der zehn Markierungen. Deutlich erkennbar sind die Oberschenkel und der Oberkörper, wobei die Markierungen am Brustbein die Richtung des Oberkörpers festlegen. Zusätzlich werden noch vier Markierungen auf dem Sitz angebracht, damit auch dessen zeitlich nicht veränderliche Position mit Hilfe der Kameras bestimmt werden kann.

### 4.2.3 Datenaufzeichnung

Die Position jeder Markierung wird während der Bewegung durch jede Kamera mit einer Frequenz von 20 Hz aufgezeichnet. An den Zeitpunkten $t_k = k \cdot 0,05s$ liegen also die zweidimensionalen Koordinaten jeder Markierung im Koordinatensystem jeder Kamera vor. Im Folgenden wird nun beschrieben, wie hieraus die zeitdiskreten dreidimensionalen Bahnen der Markierungen bestimmt werden.

### Verfolgung der Marker in den Kamerakoordinatensystemen

Während einer Aufzeichnung werden die Markierungen mit Hilfe der Kamerasysteme verfolgt. Damit lassen sich automatisch die zweidimensionalen Bahnen der Markierungen in jeder Kamera ermitteln. Abbildung 4.2 zeigt links die vierzehn von einer Kamera erkannten Markierungen zu einem Zeitpunkt $t_k$, während rechts die zeitdiskreten Bahnen der Markierungen zu allen Messzeitpunkten dargestellt sind. Die Generierung der Markerbahnen wird durch die Auswertungssoftware unterstützt, wobei hierbei zwei Probleme auftreten. Zum einen werden benachbarte Punkte oft verwechselt wenn sie sich ähnlich bewegen. Dies betrifft vor allem die Markierungen an den Knien. Weiterhin wird die Bahn unterbrochen und in Teilstücke zerlegt, wenn Verdeckungen auftreten. Insgesamt führen beide Effekte dazu, dass die zweidimensionalen Bahnen von geringer Qualität sind und noch in erheblichem Maße nachbearbeitet werden müssen.

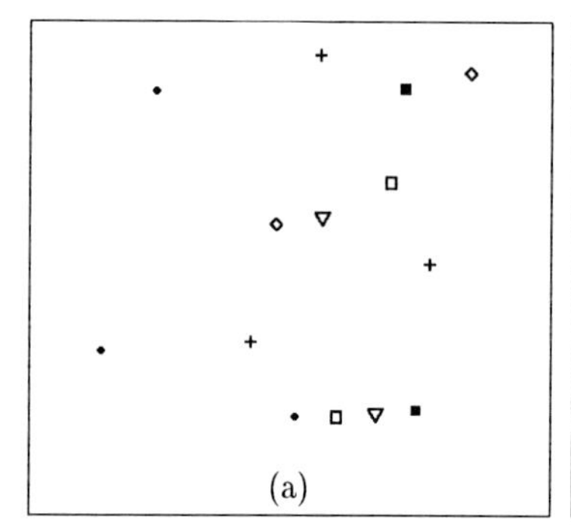


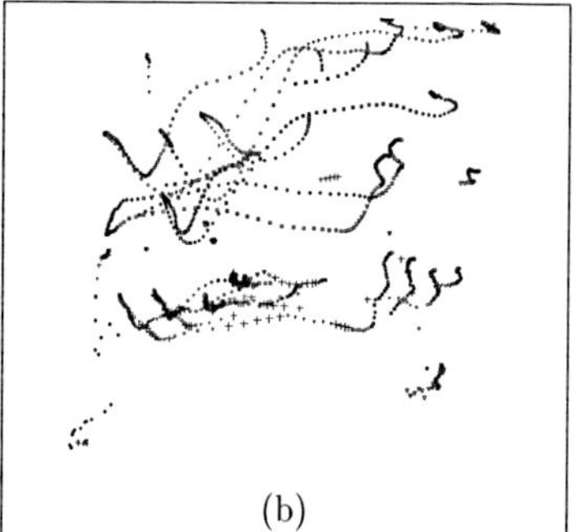


Abbildung 4.2: (a) Markierungen in einem Ausschnitt des Koordinatensystem einer Kamera zu einem Zeitpunkt $t_k$. (b) Markierungen im Koordinatensystem einer Kamera für alle Zeitpunkte der Bewegung.

### Generierung der dreidimensionalen Bahnen

Die Kamerasoftware unterstützt weiterhin die Umrechnung in dreidimensionale Bahnen. Mit Hilfe der oben beschriebenen Kalibrierung lassen sich durch Zusammenfügen der Bilder der einzelnen Kameras dreidimensionale Koordinaten im Weltkoordinatensystem $\mathbf{K}_W$ berechnen. Aufgrund der Verwendung von sieben Kameras wird das Risiko der Verdeckung minimiert und man erhält normalerweise redundante Information über die Position einer Markierung. Diese kann zur Fehlerminimierung verwendet werden, was die Kamerasoftware automatisch durchführt. Die dreidimensionalen Bahnen sind daher schon von deutlich höherer Qualität als die zweidimensionalen. Abbildung 4.3 zeigt beispielhaft den Verlauf der x-Koordinaten der noch nicht manuell aufbereiteten Bahnen aller Markierungen über die Zeit.

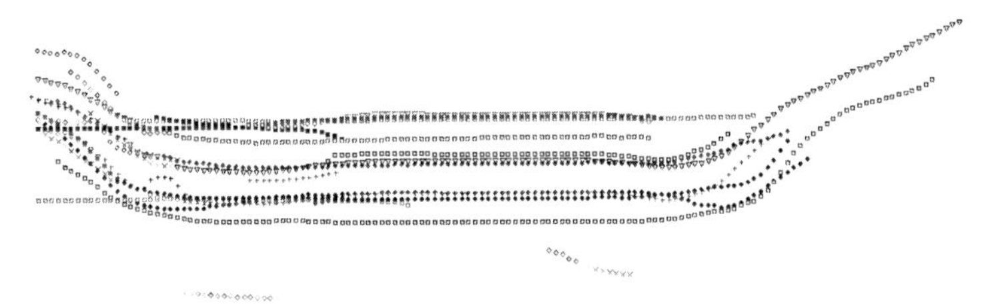

Abbildung 4.3: Zeitlicher Verlauf der nicht aufbereiteten x-Koordinate der dreidimensionale Bahnen aller Markierungen.

Nun müssen die Daten manuell weiter bearbeitet werden, wobei zunächst zusammengehörige Teilbahnen zusammengefügt werden. Anschließend werden die so generierten Bahnen den einzelnen Markierungen zugeordnet. Hierzu sortiert man die Bahnen zunächst in vertikaler Richtung nach der Größe ihrer z-Koordinate und kann dadurch die Markierungen in drei Gruppen aufteilen:

**Oberkörper:** Schultern und Brustbein;

**Hüfte:** Linke und rechte Hüfte;

**Oberschenkel:** vier Markierungen an den Knien.

Danach werden die Markierungen an Hand der x-Koordinate in links und rechts aufgeteilt, wodurch sich alle Bahnen der entsprechenden Markierung zuordnen lassen. Die bisherigen Arbeitsschritte werden zum großen Teil durch die Auswertungssoftware der Kameras unterstützt, weshalb diese noch zur Datenaufzeichnung gezählt werden.

### 4.2.4 Datenverarbeitung

Die aufgezeichneten und vorbereiteten Bewegungsdaten sollen nun als Ausgangsbasis für die Generierung eines neuen Prüfverfahrens verwendet werden.

Hierzu müssen diese allerdings zunächst noch weitere Bearbeitungsschritte durchlaufen, um schließlich zu einem Datensatz zusammengefügt werden zu können.

Wie im vorherigen Unterkapitel schon beschrieben wurde, stehen bereits die zusammenhängenden und den einzelnen Markierungen $m$ zugeordneten Positionen ${}^{\mathrm{W}}\underline{\vec{P}}_{m\langle\mathrm{W}\rangle}(t_k)$ im Weltkoordinatensystem $\mathbf{K}_W$ zu den diskreten Zeitpunkten $t_k$ zur Verfügung. Hieraus müssen nun Informationen über die Bewegung der Hüfte, des Oberkörpers und der Oberschenkel extrahiert werden. Die Hüftmarkierungen gehören sowohl zum Oberkörper, als auch zu dem entsprechenden Oberschenkel. Daher sind auf dem Oberkörper insgesamt sechs Markierungen und an den beiden Oberschenkeln jeweils drei Markierungen angebracht. Alle drei Teile lassen sich durch lokale Koordinatensysteme beschreiben, welche sich zeitabhängig verändern. Zur Festlegung eines Koordinatensystems wird ein homogener Ortsvektor $\underline{\vec{P}}_o$, der die Lage des Ursprungs bestimmt, und drei homogene Richtungsvektoren $\underline{\vec{R}}_x$, $\underline{\vec{R}}_y$ und $\underline{\vec{R}}_z$ zur Definition der Lage der Koordinatenachsen benötigt. Genau genommen sind sogar zwei Richtungsvektoren ausreichend, da der dritte dadurch festgelegt ist, dass er senkrecht auf den beiden anderen stehen muss und insgesamt ein rechtshändiges Koordinatensystem entstehen soll. Ein Koordinatensystem $\mathbf{K}$ lässt sich somit zum Zeitpunkt $t_k$ wie folgt durch ein Frame in Weltkoordinaten darstellen:

$$
{}^{\mathrm{W}}\underline{\mathbf{K}}_{\langle\mathrm{W}\rangle}(t_k) = \begin{pmatrix} r_{x,x}(t_k) & r_{y,x}(t_k) & r_{z,x}(t_k) & x_o(t_k) \\ r_{x,y}(t_k) & r_{y,y}(t_k) & r_{z,y}(t_k) & y_o(t_k) \\ r_{x,z}(t_k) & r_{y,z}(t_k) & r_{z,z}(t_k) & z_o(t_k) \\ 0 & 0 & 0 & 1 \end{pmatrix} \tag{4.1}
$$

Dies entspricht folgender Darstellung durch homogene Vektoren:

$$
{}^{\mathrm{W}}\underline{\mathbf{K}}_{\langle\mathrm{W}\rangle}(t_k) = \left({}^{\mathrm{W}}\underline{\vec{R}}_x(t_k), {}^{\mathrm{W}}\underline{\vec{R}}_y(t_k), {}^{\mathrm{W}}\underline{\vec{R}}_z(t_k), {}^{\mathrm{W}}\underline{\vec{P}}_{o\langle\mathrm{W}\rangle}(t_k)\right) \tag{4.2}
$$

Bei Verwendung von nichthomogenen, dreidimensionalen Vektoren muss die letzte Zeile der Matrix durch Nullen bzw. eine Eins entsprechend ergänzt werden:

$$
{}^{\mathrm{W}}\underline{\mathbf{K}}_{\langle\mathrm{W}\rangle}(t_k) = \begin{pmatrix} {}^{\mathrm{W}}\vec{R}_x(t_k) & {}^{\mathrm{W}}\vec{R}_y(t_k) & {}^{\mathrm{W}}\vec{R}_z(t_k) & {}^{\mathrm{W}}\vec{P}_{o\langle\mathrm{W}\rangle}(t_k) \\ 0 & 0 & 0 & 1 \end{pmatrix} \tag{4.3}
$$

### Bewegung der Oberschenkel

Zur Festlegung des zeitabhängigen Koordinatensystems ${}^{\mathrm{W}}\underline{\mathbf{K}}_{OS_r\langle\mathrm{W}\rangle}(t_k)$ des rechten Oberschenkels stehen die drei Punkte $P_{H_r}$, $P_{K_{rr}}$ und $P_{K_{rl}}$ zur Verfügung. Abbildung 4.4 zeigt diese, das gesuchte Koordinatensystem ${}^{\mathrm{W}}\underline{\mathbf{K}}_{OS_r\langle\mathrm{W}\rangle}$

und die im Folgenden verwendeten Hilfsvektoren für dessen Berechnung. Die Ortsvektoren der drei Oberschenkelpunkte sind im globalen Koordinatensystem $\mathbf{K}_W$ definiert und haben folgende Koordinaten:

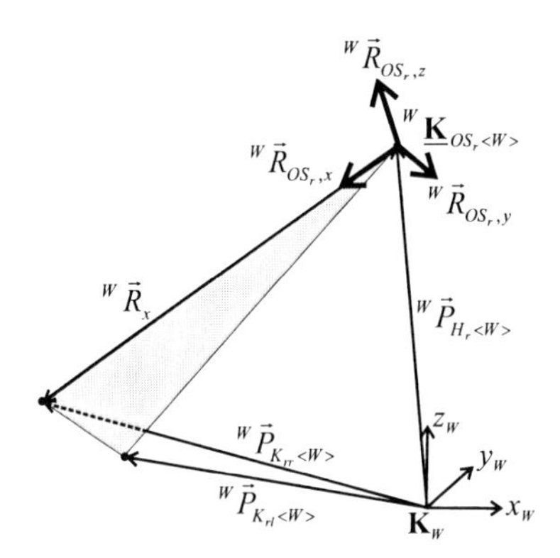


Abbildung 4.4: Vektoren zur Berechnung des Koordinatensystems des rechten Oberschenkels.

$$
\begin{aligned}
{}^{\mathrm{W}}\vec{P}_{H_r\langle \mathrm{W}\rangle}(t_k) &= (x_{H_r}(t_k), y_{H_r}(t_k), z_{H_r}(t_k))^T && (4.4)\\
{}^{\mathrm{W}}\vec{P}_{K_{rr}\langle \mathrm{W}\rangle}(t_k) &= (x_{K_{rr}}(t_k), y_{K_{rr}}(t_k), z_{K_{rr}}(t_k))^T && (4.5)\\
{}^{\mathrm{W}}\vec{P}_{K_{rl}\langle \mathrm{W}\rangle}(t_k) &= (x_{K_{rl}}(t_k), y_{K_{rl}}(t_k), z_{K_{rl}}(t_k))^T && (4.6)
\end{aligned}
$$

Nun müssen der Ortsvektor und die drei Richtungsvektoren des Koordinatensystems ${}^{\mathrm{W}}\underline{\mathbf{K}}_{OS_r\langle \mathrm{W}\rangle}(t_k)$ bestimmt werden. Der Ursprung wird in den rechten Hüftpunkt gelegt:

$$
{}^{\mathrm{W}}\vec{P}_{OS_r,o\langle \mathrm{W}\rangle}(t_k) = {}^{\mathrm{W}}\vec{P}_{H_r\langle \mathrm{W}\rangle}(t_k) \tag{4.7}
$$

Nun werden noch zwei senkrecht aufeinander stehende Vektoren zur Festlegung der Richtungen von zwei Koordinatenachsen benötigt. Hierzu werden der Vektor vom Hüftpunkt zum äußeren (rechten) Punkt am Knie und der Normalenvektor der Ebene durch alle drei Punkte verwendet. Der Richtungsvektor von der Hüfte zum äußeren Punkt am Knie definiert die Richtung der x-Achse und berechnet sich zu

$$
{}^{\mathrm{W}}\vec{R}_x(t_k) = \begin{pmatrix} x_{K_{rr}}(t_k) - x_{H_r}(t_k) \\ y_{K_{rr}}(t_k) - y_{H_r}(t_k) \\ z_{K_{rr}}(t_k) - z_{H_r}(t_k) \end{pmatrix} \tag{4.8}
$$

Der Orthogonalvektor ${}^{\mathrm{W}}\vec{R}_z(t_k)$ auf der Ebene definiert die Richtung der z-Achse. Seine Koordinaten lassen sich mit Hilfe des Kreuzproduktes berechnen:

$$ {}^{\mathrm{W}}\vec{R}_z(t_k) = {}^{\mathrm{W}}\vec{R}_x(t_k) \times \left( {}^{\mathrm{W}}\vec{P}_{K_{rl}\langle\mathrm{W}\rangle}(t_k) - {}^{\mathrm{W}}\vec{P}_{H_r\langle\mathrm{W}\rangle}(t_k) \right) \qquad (4.9) $$

Nun muss der Richtungsvektor der y-Achse so festgelegt werden, dass ein rechtshändiges Koordinatensystem entsteht. Dies lässt sich ebenfalls mit Hilfe des Kreuzproduktes erreichen:

$$ {}^{\mathrm{W}}\vec{R}_y(t_k) = {}^{\mathrm{W}}\vec{R}_z(t_k) \times {}^{\mathrm{W}}\vec{R}_x(t_k) \qquad (4.10) $$

Die hierdurch berechneten Richtungsvektoren müssen noch mit Hilfe der nachfolgenden Gleichung normiert werden, damit sie ein Orthonormalsystem bilden und man erhält schließlich die Richtungsvektoren von ${}^{\mathrm{W}}\underline{\mathbf{K}}_{OS_r\langle\mathrm{W}\rangle}(t_k)$ aus

$$ {}^{\mathrm{W}}\vec{R}_{OS_r,i}(t_k) = \frac{{}^{\mathrm{W}}\vec{R}_i(t_k)}{\left|{}^{\mathrm{W}}\vec{R}_i(t_k)\right|} \text{ mit } i = x, y, z \qquad (4.11) $$

Nun müssen die Koordinaten noch in das zeitlich unveränderliche Basiskoordinatensystem $\mathbf{K}_B$ transformiert werden, welches die Lage des Sitzes spezifiziert. Sein Ursprung ist so gewählt, dass es mit dem R-Punkt übereinstimmt. Dieser Punkt liegt ungefähr auf der Verbindungslinie zwischen den Hüftgelenken der sitzenden Person und zusätzlich auf der Position der Markierung der rechten Hüfte. Die Koordinatenachsen sind so angeordnet, dass die x-Achse ungefähr parallel zur Sitzoberfläche in Richtung des rechten Knies zeigt. Die y-Achse liegt etwa in Richtung der Hüfte, während die z-Achse nahezu senkrecht nach oben zeigt.

Die berechneten Koordinatensysteme können in eine Positions- und Orientierungsangabe umgerechnet werden. Bei Verwendung von Roll-Pitch-Yaw-Koordinaten zur Darstellung der Orientierung erhält man die, in Abbildung 4.5 dargestellten, sechsdimensionalen Positionen ${}^{\mathrm{B}}\vec{\vec{P}}_{OS_r\langle\mathrm{B}\rangle}(t_k)$ des rechten Oberschenkels. Die Bewegung der Hüfte ist im oberen Teil von Abbildung 4.5 deutlich erkennbar. In vertikaler Richtung (Z) kommt sie von oben, setzt sich in den Sitz (0 mm), bleibt dort einige Zeit und geht beim Aufstehen wieder auf die Ausgangshöhe zurück. Anhand der y-Werte lässt sich erkennen, dass die Person zu Beginn links vom Sitz steht und sich nach rechts in negativer Richtung hinsetzt. Die x-Werte zeigen, dass die Person zunächst etwas vor dem Sitz steht und sich beim Hinsetzen nach hinten (in negativer x-Richtung) bewegt. Die Orientierungen sind in Roll-Pitch-Yaw-Koordinaten angegeben. Somit stellt A die Drehung um die vertikale Achse dar, welche nur geringfügig zwischen 0° und 30° variiert. Ähnlich sieht es bei der Kippung des Oberschenkels um seine Längsachse (C) aus. Auch dieser Winkel schwankt

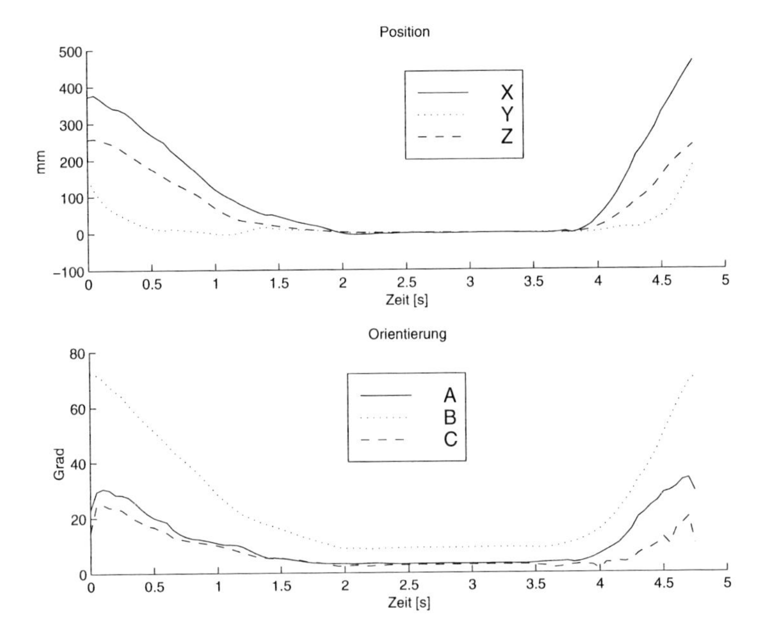


Abbildung 4.5: Zeitabhängige Position und Orientierung des Koordinatensystems des rechten Oberschenkels.

nur gering zwischen 0 und 25°. Interessant ist vor allem der Winkel B der Oberschenkel zur horizontalen Ebene. Er beginnt bei etwa 70° und beträgt während der Sitzphase ca. 10°. Die Bewegung der Oberschenkel während des Hinsetzens und Aufstehens ist somit gut erkennbar.

Die zeitabhängigen Positionen ${}^{\mathrm{B}}\vec{\vec{P}}_{OS_l\langle\mathrm{B}\rangle}(t_k)$ des linken Oberschenkels lassen sich analog berechnen.

**Bewegung des Oberkörpers**

Für die Berechnung des zeitveränderlichen Koordinatensystems ${}^{\mathrm{W}}\underline{\mathbf{K}}_{OK\langle\mathrm{W}\rangle}(t_k)$ des Oberkörpers stehen zu jedem Zeitpunkt $t_k$ sechs Punkte zur Verfügung. Der Rücken soll durch eine Ebene dargestellt werden, allerdings liegen nicht alle Punkte in dieser Ebene, da die Markierungen auf dem Brustbein jeweils einen konstanten Abstand zu dieser haben. Im Folgenden wird davon ausgegangen, dass der Oberkörper starr ist und sich daher die Relativpositionen der Punkte untereinander nicht ändern. Dies führt zu folgenden Vereinfachungen:

- Die beiden Punkte der Hüfte und die beiden Punkte der Schultern liegen näherungsweise in einer Ebene.
- Die beiden Punkte am Brustbein haben während der gesamten Bewegung einen konstanten Abstand von der Ebene.

Eine Ebene im Raum lässt sich folgendermaßen darstellen:

$$n_x x + n_y y + n_z z + d = 0 \tag{4.12}$$

Hierbei können die Werte $n_x$, $n_y$ und $n_z$ als Koordinaten eines Vektors $\vec{n} = [n_x, n_y, n_z]^T$ interpretiert werden, welcher senkrecht auf der Ebene steht. Der Wert $d$ ist der Abstand dieser Ebene vom Ursprung des Koordinatensystems in Richtung und Einheiten von $\vec{n}$.

Die Punkte $P_{B_u}$ und $P_{B_o}$ der beiden Markierungen am Brustbein liegen nicht in dieser Ebene sondern haben einen konstanten Abstand $D_{B_u}$ bzw. $D_{B_o}$ von dieser (Abb. 4.6).

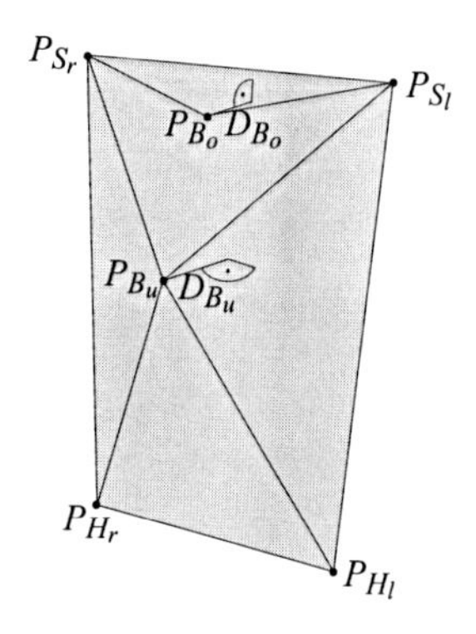


Abbildung 4.6: Ebene des Oberkörpers und Punkte mit ihren Abständen von dieser Ebene.

Ein derartiger Abstand kann als zusätzlicher Parameter $D$ in die Ebenengleichung hinzugefügt werden:

$$n_x x + n_y y + n_z z + d + D = 0 \tag{4.13}$$

In diesem Fall wäre $D$ allerdings von der Länge des Normalenvektors $\vec{n}$ abhängig. Daher muss die Ebenengleichung (4.12) zunächst normiert werden und man erhält die Hessesche Normalform

$$\frac{n_x \cdot x + n_y \cdot y + n_z \cdot z + d}{\sqrt{n_x^2 + n_y^2 + n_z^2}} = 0 \tag{4.14}$$

Das Hinzufügen des Parameters $D$ führt zu

$$\frac{n_x \cdot x + n_y \cdot y + n_z \cdot z + d}{\sqrt{n_x^2 + n_y^2 + n_z^2}} + D = 0 \tag{4.15}$$

Durch folgende Umformung

$$n_x \cdot x + n_y \cdot y + n_z \cdot z + d + D\left(\sqrt{n_x^2 + n_y^2 + n_z^2}\right) = 0 \tag{4.16}$$

lässt sich leicht erkennen, dass der Nullvektor eine gültige, wenn auch unerwünschte Lösung ist. Um diese auszuschließen, wird die gesamte Gleichung durch $n_y$ geteilt, was einer Wahl von $n_y := 1$ entspricht. Dies ist möglich, da der Oberkörper bei der Bewegung nie waagrecht ist und somit die y-Komponente $n_y$ des Normalenvektors nie zu Null werden kann. Man erhält somit folgende Darstellung:

$$\frac{\frac{n_x}{n_y} \cdot x + 1 \cdot y + \frac{n_z}{n_y} \cdot z + \frac{d}{n_y}}{\sqrt{\frac{n_x^2}{n_y^2} + 1 + \frac{n_z^2}{n_y^2}}} + D = 0 \tag{4.17}$$

Da die vier Markierungen von Schulter und Hüfte normalerweise nicht in einer Ebene liegen, ist es sinnvoll, einen dieser Punkte ebenfalls mit einem konstanten Abstand anzusetzen. Ohne Beschränkung der Allgemeinheit kann daher der Abstand $D_{S_l}$ für die linke Schulter eingeführt werden und man erhält damit für die sechs Punkte zu einen Zeitpunkt $t_k$ untenstehende Gleichungen. Sie repräsentieren jeweils den normierten Abstand des entsprechenden Punktes von der Ebene, wobei gegebenenfalls noch die zusätzlichen Abstände berücksichtigt werden.

$$
\begin{aligned}
g_{H_r}(t_k) &= \frac{\frac{n_x(t_k)}{n_y(t_k)} \cdot x_{H_r}(t_k) + y_{H_r}(t_k) + \frac{n_z(t_k)}{n_y(t_k)} \cdot z_{H_r}(t_k) + \frac{d(t_k)}{n_y(t_k)}}{\sqrt{\frac{n_x(t_k)^2}{n_y(t_k)^2} + 1 + \frac{n_z(t_k)^2}{n_y(t_k)^2}}} \\
g_{H_l}(t_k) &= \frac{\frac{n_x(t_k)}{n_y(t_k)} \cdot x_{H_l}(t_k) + y_{H_l}(t_k) + \frac{n_z(t_k)}{n_y(t_k)} \cdot z_{H_l}(t_k) + \frac{d(t_k)}{n_y(t_k)}}{\sqrt{\frac{n_x(t_k)^2}{n_y(t_k)^2} + 1 + \frac{n_z(t_k)^2}{n_y(t_k)^2}}} \\
g_{S_r}(t_k) &= \frac{\frac{n_x(t_k)}{n_y(t_k)} \cdot x_{S_r}(t_k) + y_{S_r}(t_k) + \frac{n_z(t_k)}{n_y(t_k)} \cdot z_{S_r}(t_k) + \frac{d(t_k)}{n_y(t_k)}}{\sqrt{\frac{n_x(t_k)^2}{n_y(t_k)^2} + 1 + \frac{n_z(t_k)^2}{n_y(t_k)^2}}} \\
g_{S_l}(t_k) &= \frac{\frac{n_x(t_k)}{n_y(t_k)} \cdot x_{S_l}(t_k) + y_{S_l}(t_k) + \frac{n_z(t_k)}{n_y(t_k)} \cdot z_{S_l}(t_k) + \frac{d(t_k)}{n_y(t_k)}}{\sqrt{\frac{n_x(t_k)^2}{n_y(t_k)^2} + 1 + \frac{n_z(t_k)^2}{n_y(t_k)^2}}} + D_{S_l} \\
g_{B_u}(t_k) &= \frac{\frac{n_x(t_k)}{n_y(t_k)} \cdot x_{B_u}(t_k) + y_{B_u}(t_k) + \frac{n_z(t_k)}{n_y(t_k)} \cdot z_{B_u}(t_k) + \frac{d(t_k)}{n_y(t_k)}}{\sqrt{\frac{n_x(t_k)^2}{n_y(t_k)^2} + 1 + \frac{n_z(t_k)^2}{n_y(t_k)^2}}} + D_{B_u} \\
g_{B_o}(t_k) &= \frac{\frac{n_x(t_k)}{n_y(t_k)} \cdot x_{B_o}(t_k) + y_{B_o}(t_k) + \frac{n_z(t_k)}{n_y(t_k)} \cdot z_{B_o}(t_k) + \frac{d(t_k)}{n_y(t_k)}}{\sqrt{\frac{n_x(t_k)^2}{n_y(t_k)^2} + 1 + \frac{n_z(t_k)^2}{n_y(t_k)^2}}} + D_{B_o}
\end{aligned} \tag{4.18}
$$

Die einzelnen Gleichungen hängen daher von den zeitveränderlichen Parametern der Ebene $(n_x(t_k), n_z(t_k), d(t_k))$ und den nicht zeitveränderlichen zusätzlichen Abständen $D_{B_u}$, $D_{B_o}$ und $D_{S_l}$ ab. Für einen Zeitpunkt $t_k$ erhält man damit sechs nichtlineare Gleichungen zur Bestimmung von sechs Parametern. Da die zusätzlichen Abstände aber nicht zeitveränderlich sind und deren Wert ebenfalls durch die Optimierung ermittelt werden soll, muss das Gleichungssystem für alle $n_k$ Zeitpunkte gleichzeitig gelöst werden. Man erhält damit $6n_k$ Gleichungen für die Bestimmung der $3n_k + 3$ Parameter. Hierbei handelt es sich um ein überbestimmtes nichtlineares Gleichungssystem ohne Nebenbedingungen. Um es zu lösen muss zunächst eine Funktion aufgestellt werden, die zur Bestimmung der besten Parameter minimiert werden kann. Folgende Gleichung berechnet die Summe der Quadrate aller Abstände. Eine Minimierung dieser Funktion bestimmt daher die Werte für die Parameter, welche zu den geringsten Abständen der Punkte zu ihrer entsprechenden Ebene führen.

$$
\begin{aligned}
G = \sum_{k=1}^{n_k} \Big[ &(g_{H_r}(t_k))^2 + (g_{H_l}(t_k))^2 + (g_{S_r}(t_k))^2 \\
&+ (g_{S_l}(t_k))^2 + (g_{B_u}(t_k))^2 + (g_{B_o}(t_k))^2 \Big]
\end{aligned} \tag{4.19}
$$

Dieses Optimierungsproblem lässt sich numerisch mit dem Newton-Verfahren lösen. Hierzu werden aber gute Anfangswerte für die zu bestimmenden Parameter benötigt. Es gibt mehrere Möglichkeiten diese zu bestimmen. Im Folgenden werden zwei vorgestellt, von denen schließlich das Bessere verwendet wird.

Die erste Möglichkeit besteht im Ignorieren der zusätzlichen Abstände $D_{B_u}$, $D_{B_o}$ und $D_{S_l}$. In diesem Fall geht man davon aus, dass alle Punkte auf einer Ebene liegen. Man erhält damit ein überbestimmtes lineares Gleichungssystem, welches mittels der Methode der kleinsten Quadrate gelöst werden kann. Allerdings haben die Punkte am Brustbein einen vergleichsweise großen Abstand zur Ebene, wodurch diese Näherung sehr ungenau wird und zu schlechten Anfangswerten führt.

Deutlich bessere Ergebnisse können mit folgender Vorgehensweise erreicht werden. Vernachlässigt man die Normierung der Ebenengleichung, so nimmt man, bedingt durch die unterschiedliche Länge der Normalenvektoren, einen Fehler in Kauf. Dafür erhält man wiederum ein lineares überbestimmtes Gleichungssystem, welches gute Anfangswerte für die anschließende nichtlineare Optimierung liefert. Dieses Gleichungssystem lässt sich für einen Zeitpunkt $t_k$ folgendermaßen vektoriell darstellen.

$$\underbrace{\left(\begin{array}{ccc|ccc} x_{H_r}(t_k) & z_{H_r}(t_k) & 1 & 0 & 0 & 0 \\ x_{H_l}(t_k) & z_{H_l}(t_k) & 1 & 0 & 0 & 0 \\ x_{S_r}(t_k) & z_{S_r}(t_k) & 1 & 0 & 0 & 0 \\ x_{S_l}(t_k) & z_{S_l}(t_k) & 1 & 1 & 0 & 0 \\ x_{B_u}(t_k) & z_{B_u}(t_k) & 1 & 0 & 1 & 0 \\ x_{B_o}(t_k) & z_{B_o}(t_k) & 1 & 0 & 0 & 1 \end{array}\right)}_{A(t_k) \,|\, D} \underbrace{\begin{pmatrix} \frac{n_x(t_k)}{n_y(t_k)} \\ \frac{n_z(t_k)}{n_y(t_k)} \\ \frac{d(t_k)}{n_y(t_k)} \\ \hline D_{S_l} \\ D_{B_u} \\ D_{B_o} \end{pmatrix}}_{\left(\frac{\vec{x}(t_k)}{\vec{x}_D}\right)} = \underbrace{\begin{pmatrix} y_{H_r}(t_k) \\ y_{H_l}(t_k) \\ y_{S_r}(t_k) \\ y_{S_l}(t_k) \\ y_{B_u}(t_k) \\ y_{B_o}(t_k) \end{pmatrix}}_{\vec{b}(t_k)} \tag{4.20}$$

Mit dem zeitveränderlichen Vektor $\vec{x}(t_k) = \left[\frac{n_x(t_k)}{n_y(t_k)}, \frac{n_z(t_k)}{n_y(t_k)}, \frac{d(t_k)}{n_y(t_k)}\right]^T$ und dem Vektor der konstanten zusätzlichen Abstände $\vec{x}_D = [D_{S_l}, D_{B_u}, D_{B_o}]^T$. Fügt man nun noch die Gleichungen für alle weiteren Zeitpunkte $t_1, \ldots, t_{n_k}$ hinzu, so erhält man folgendes Gleichungssystem:

$$\left(\begin{array}{c|c|c|c} A(t_1) & 0 & 0 & D \\ \hline 0 & \ddots & 0 & \vdots \\ \hline 0 & 0 & A(t_{n_k}) & D \end{array}\right) \begin{pmatrix} \vec{x}(t_1) \\ \hline \vdots \\ \hline \vec{x}(t_{n_k}) \\ \hline \vec{x}_D \end{pmatrix} = \begin{pmatrix} \vec{b}(t_1) \\ \hline \vdots \\ \hline \vec{b}(t_{n_k}) \end{pmatrix} \tag{4.21}$$

Dieses kann wiederum mit Hilfe der Methode der kleinsten Quadrate gelöst werden. Die so bestimmten Parameter dienen dann als Startwert der nichtlinearen Optimierung.

In Abbildung 4.7 sind die minimalen, mittleren und maximalen Abstände der Punkte zur gefundenen Ebene für alle Zeitpunkte $t_k$ dargestellt. Der linke Teil zeigt die Abstände der Anfangswerte, welche mit dem oben dargestellen Ansatz unter Verwendung von Gleichung (4.21) bestimmt wurden. Der rechte Teil zeigt die Abstände der mittels Newton-Verfahren optimierten Lösung der nichtlinearen Gleichung (4.19).

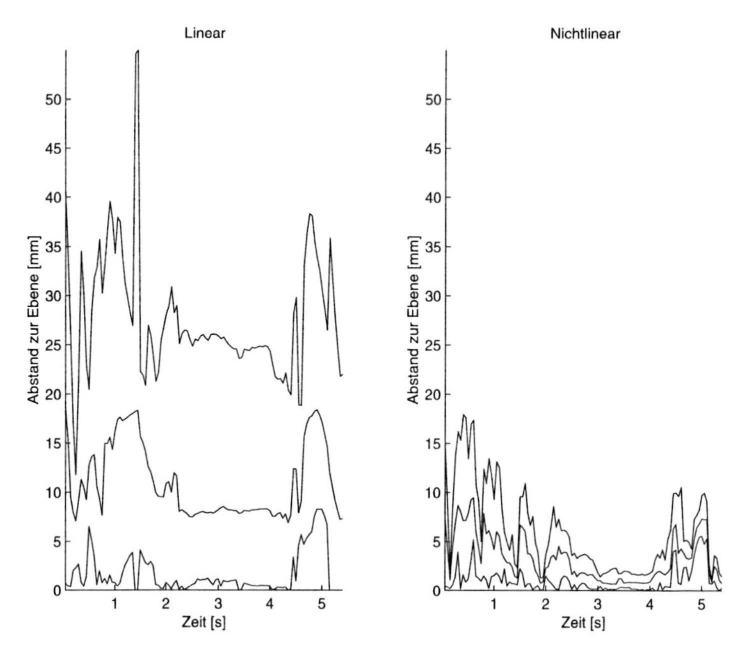


Abbildung 4.7: Minimaler, mittlerer und maximaler Abstand der Punkte zur Ebene des Oberkörpers zu jedem Zeitpunkt. Die linke Seite zeigt die Abstände für die, mit dem linearen Ansatz bestimmten Anfangswerte, während die rechte Seite die Abstände der Lösung der nichtlinearen Optimierung zeigt.

Deutlich erkennbar ist, dass sowohl die mittleren als auch die maximalen Abstände bei den Anfangswerten deutlich höher sind, während sich die minimalen Abstände in beiden Fällen ungefähr im gleichen Bereich befinden. Dies ist dadurch erklärbar, dass die Anfangswerte schon sehr gute Lösungen für die Punkte auf der Ebene darstellen, während die Punkte mit zusätzlichem Abstand durch die weggelassene Normierung noch große Fehler aufweisen. Durch den korrekten Ansatz bei der nichtlinearen Optimierung werden diese Punkte nun richtig behandelt, wodurch sich auch der maximale und der mittleren Abstand deutlich verringert. Bei den Abständen der optimierten Lösung ist weiterhin sehr gut erkennbar, dass der maximale Wert über alle Zeitpunkte $t_k$ weit unter zwanzig Millimetern und der mittlere unter zehn Millimetern liegt. Diese Lösung approximiert die Punkte also sehr gut. Daraus lässt sich schließen, dass die Verdrehung des Oberkörpers, welche mit diesem Ansatz nicht darstellbar ist, nur sehr gering ist. Der Ansatz, den Oberkörper als starr anzusehen, verursacht somit nur kleine Fehler und ist daher sinnvoll.

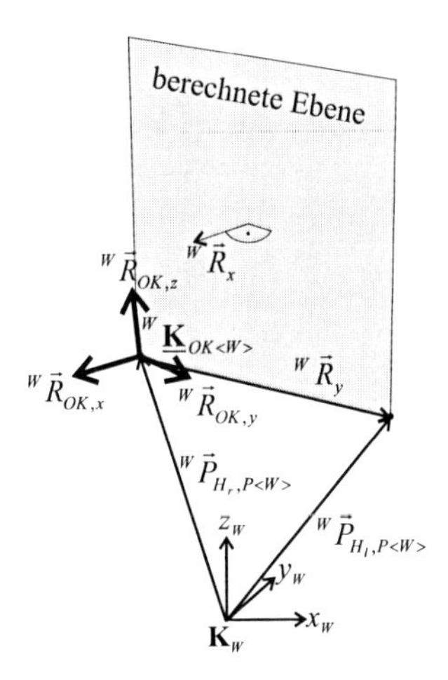


Abbildung 4.8: Vektoren zur Berechnung des Koordinatensystems $^{\mathrm{W}}\underline{\mathbf{K}}_{OK\langle \mathrm{W}\rangle}$ des Oberkörpers.

Für jeden Zeitpunkt $t_k$ wird damit der Normalenvektor auf der Ebene bestimmt. Dieser Vektor soll nun die Richtung der x-Achse des Koordinatensystems des Oberkörpers festlegen:

$$^{\mathrm{W}}\vec{R}_x(t_k) = (n_x(t_k), n_y(t_k), n_z(t_k))^T \tag{4.22}$$

Nun müssen noch der Ursprung und die beiden weiteren Richtungsvektoren festgelegt werden. Abbildung 4.8 zeigt die hierfür verwendeten Vektoren. Der rechte Hüftpunkt ${}^{\mathrm{W}}\vec{P}_{H_r\langle\mathrm{W}\rangle}(t_k)$ wird als Ursprung gewählt. Da dieser aber, aufgrund des Optimierungsverfahrens, nicht genau auf der berechneten Ebene liegt, wird dessen senkrechte Projektion ${}^{\mathrm{W}}\vec{P}_{H_r,P\langle\mathrm{W}\rangle}(t_k)$ auf diese Ebene verwendet. Der Richtungsvektor von der Projektion des rechten zur Projektion des linken Hüftpunktes ${}^{\mathrm{W}}\vec{P}_{H_l,P\langle\mathrm{W}\rangle}(t_k)$ legt die Richtung der y-Achse fest:

$$
{}^{\mathrm{W}}\vec{R}_y(t_k) = {}^{\mathrm{W}}\vec{P}_{H_l,P\langle\mathrm{W}\rangle}(t_k) - {}^{\mathrm{W}}\vec{P}_{H_r,P\langle\mathrm{W}\rangle}(t_k) \tag{4.23}
$$

Mit Hilfe des Kreuzproduktes lässt sich der Richtungsvektor der z-Achse berechnen:

$$
{}^{\mathrm{W}}\vec{R}_z(t_k) = {}^{\mathrm{W}}\vec{R}_x(t_k) \times {}^{\mathrm{W}}\vec{R}_y(t_k) \tag{4.24}
$$

Alle drei Richtungsvektoren müssen noch, wie schon bei den Oberschenkeln, analog zu Gleichung (4.11), durch

$$
{}^{\mathrm{W}}\vec{R}_{OK,i}(t_k) = \frac{{}^{\mathrm{W}}\vec{R}_i(t_k)}{\left|{}^{\mathrm{W}}\vec{R}_i(t_k)\right|} \quad \text{mit } i = x, y, z \tag{4.25}
$$

normiert werden und schließlich erhält man für jeden Zeitpunkt $t_k$ das Koordinatensystem des Oberkörpers durch folgende Gleichung:

$$
{}^{\mathrm{W}}\underline{\mathbf{K}}_{OK\langle\mathrm{W}\rangle}(t_k) = \left({}^{\mathrm{W}}\vec{R}_{OK,x}(t_k), {}^{\mathrm{W}}\vec{R}_{OK,y}(t_k), {}^{\mathrm{W}}\vec{R}_{OK,z}(t_k), {}^{\mathrm{W}}\vec{P}_{H_r,P\langle\mathrm{W}\rangle}(t_k)\right) \tag{4.26}
$$

Dieses lässt sich, wie schon bei den Oberschenkeln, in das feste Basiskoordinatensystem $\mathbf{K}_B$ transformieren und schließlich als sechsdimensionale Position ${}^{\mathrm{B}}\vec{\vec{P}}_{OK\langle\mathrm{B}\rangle}(t_k)$ des Oberkörpers darstellen.

Hiermit ist die Verarbeitung der Bewegungsdaten abgeschlossen und die Positionen ${}^{\mathrm{B}}\vec{\vec{P}}_{OS_r\langle\mathrm{B}\rangle}(t_k)$, ${}^{\mathrm{B}}\vec{\vec{P}}_{OS_l\langle\mathrm{B}\rangle}(t_k)$ und ${}^{\mathrm{B}}\vec{\vec{P}}_{OK\langle\mathrm{B}\rangle}(t_k)$ der beiden Oberschenkel und des Oberkörpers für alle Zeitpunkte $t_k$ im Basiskoordinatensystem $\mathbf{K}_B$ bestimmt.

## 4.3 Belastungsdatengewinnung

Die Beanspruchung muss durch Sensoren erfasst werden. In diesem Fall soll die Belastung, also die auf den Sitz wirkenden Kräfte, bestimmt werden. Hierzu sind Sensormatten geeignet, welche den Druck auf ihrer Oberfläche messen können. Es stehen unterschiedliche Messprinzipien zur Verfügung, wobei hier ein piezo-resistives verwendet wird.

### 4.3.1 Messaufbau

Wie schon in Kapitel 3 beschrieben wurde, wird zur Erfassung der Belastung des Sitzes jeweils eine Sensormatte auf das Sitzkissen und auf die Rückenlehne gelegt. Verwendet wird das FSA Industrial Seat & Back System (ISBS) der Firma NexGen Ergonomics Inc. [63]. Jede Matte verfügt über eine Matrix von 16x16 Sensoren, welche die senkrecht auf sie einwirkenden Kräfte mit einer schwankenden Frequenz zwischen 3 und 5 Hz messen.

### 4.3.2 Kalibrierung

Die Sensormatten müssen mittels eines Prüfkörpers mit bekanntem Gewicht kalibriert werden. Dieser Vorgang wird durch die Auswertungssoftware unterstützt. Man erhält eine Datei mit Kalibrierdaten, mit deren Hilfe die gemessenen Werte in übliche Druckeinheiten umgerechnet werden können.

### 4.3.3 Datenaufzeichnung

Die Sensormatten liefern den Druck $p_s(t_m)$ für jeden Sensor $s$ zu den Messzeitpunkten $t_m$, wobei $n_m$ Messungen durchgeführt werden. Diese Daten sind schon von ausreichender Qualität, da nur die Gesamtkraft wichtig ist, und müssen somit nicht nachbearbeitet werden. Abbildung 4.9 zeigt eine interpolierte Druckverteilung auf das Sitzkissen und die Rückenlehne zum Zeitpunkt $t_m$.

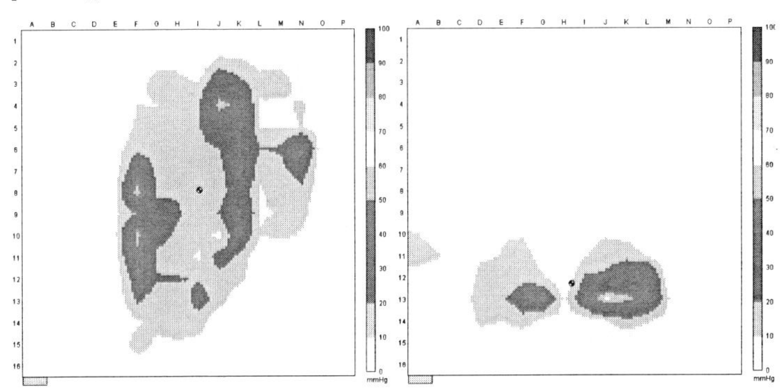


Abbildung 4.9: Gemessene und interpolierte Druckverteilung der Sensormatten auf dem Sitzkissen (links) und auf der Rückenlehne (rechts).

### 4.3.4 Datenverarbeitung

Die Druckverteilung lässt sich auf Grund der starren Attrappe nicht genau imitieren. Daher wird momentan nur die Gesamtkraft auf das Sitzkissen bzw. auf die Rückenlehne verwendet. Diese lassen sich aus dem, von den einzelnen Sensoren gemessenen Druck $p_s$ und deren Fläche $A_s$ bestimmen. Alle Sensoren auf der Matte des Sitzkissens gehören zur Menge $M_S$, während die Sensoren der zweiten Matte auf der Rückenlehne in der Menge $M_R$ zu finden sind. Hiermit erhält man die, auf das Sitzkissen einwirkende Kraft $F_S(t_m)$ und die, auf die Rückenlehne einwirkende Kraft $F_R(t_m)$ zu jedem Messzeitpunkt $t_m$ durch folgende Gleichungen:

$$F_S(t_m) = \sum_{s \in M_S} p_s(t_m) \cdot A_s \tag{4.27}$$

$$F_R(t_m) = \sum_{s \in M_R} p_s(t_m) \cdot A_s \tag{4.28}$$

## 4.4 Kombination der Daten

Die Belastungsdaten müssen nun mit den Bahndaten zeitlich synchronisiert werden. Hierbei ist zu beachten, dass die Sensormatten die Daten mit einer Frequenz von 3-5 Hz zu den Zeitpunkten $t_m$ und die Kameras mit 20 Hz zu den Zeitpunkten $t_k$ liefern. Werden beide Aufzeichnungen gleichzeitig gestartet, so ist kein Zeitversatz zu berücksichtigen. Benötigt werden jeweils Positionen mit den entsprechenden Kräften. Die Kraftinformation wird hierbei mit einer niedrigereren Frequenz gemessen. Da die Messzeitpunkte von Positionen und Kräften nie genau übereinstimmen, wird jeder Kraft $F(t_m)$ die zeitlich nächstliegende Position ${}^{\mathrm{B}}\vec{\vec{P}}_{\langle \mathrm{B} \rangle}(t_k)$ zugeordnet. Gemeinsam werden sie nun als Position ${}^{\mathrm{B}}\vec{\vec{P}}_{\langle \mathrm{B} \rangle}(t_j)$ und Kraft $F(t_j)$ zum Zeitpunkt $t_j := t_m$ verwendet.

## 4.5 „Ingress-Egress"-Prüfung

Von einer Person werden mehrere Datensätze aufgezeichnet, während sie sich in den Sitz hineinsetzt und wieder aufsteht. Hieraus wird die Spezifikation eines neuen Prüfverfahrens, der so genannten „Ingress-Egress"-Prüfung gewonnen. Sie besteht aus zeitindizierten Positionen im Arbeitsraum mit eindimensionaler Kraftinformation. Da der Dummy momentan starr ist, und somit keine getrennte Bewegung der Oberschenkel und des Oberkörpers möglich ist, werden zwei verschiedene Datensätze generiert. Die „Ingress-Egress-

Seat"-Prüfung zur Belastung des Sitzkissens enthält die Beschreibung der Bewegung der Oberschenkel, während die „Ingress-Egress-Back"-Prüfung die Rückenlehne prüft und hierfür die Bewegung des Oberkörpers verwendet.

Zunächst muss allerdings noch etwas Vorarbeit zur Bestimmung der gemeinsamen Position der Oberschenkel durchgeführt werden. Diese sind beim Dummy starr miteinander verbunden, während dies bei der menschlichen Bewegung offensichtlich nicht der Fall ist. Die gewonnenen Daten müssen also noch entsprechend angepasst werden. Weiter oben wurde schon die Bestimmung der Koordinatensysteme der einzelnen Oberschenkel beschrieben, nun müssen beide gemeinsam durch ein Koordinatensystem dargestellt werden. Als Ursprung wird wiederum die Markierung an der rechten Hüfte gewählt. Die Richtung der y-Achse wird durch die Verbindung von der rechten zur linken Hüfte bestimmt. Die z-Richtung wird, wie schon bei den einzelnen Oberschenkeln durch den Normalenvektor einer Ebene festgelegt. Diese wird nun aber nicht mehr durch die drei Markierungen eines Oberschenkels, sondern durch die sechs Markierungen beider Oberschenkel bestimmt. Dies führt zu einem überbestimmten linearen Gleichungssystem welches mit Hilfe der Methode der kleinsten Quadrate gelöst werden kann. Analog zu der Vorgehensweise bei der Bestimmung der anderen Koordinatensysteme wird die dritte Achse (hier die x-Richtung) mit Hilfe des Kreuzproduktes bestimmt und durch Normierung ein Orthonormalsystem berechnet. Durch dieses Verfahren wird schließlich das zeitveränderliche Koordinatensystem ${}^{\mathrm{W}}\underline{\mathbf{K}}_{OS\langle \mathrm{W}\rangle}(t_k)$ beider Oberschenkel bestimmt. Auf Grund der Überbestimmtheit liegen die Markierungen nicht genau auf der Ausgleichsebene. Der hierdurch verursachte Fehler wird in Kapitel 7 genauer untersucht.

Nun folgt eine qualitative Beschreibung der Prüfspezifikationen. Die Daten liegen im Basiskoordinatensystem $\mathbf{K}_B$ vor. Dieses ist, wie schon bei der Beschreibung der Bewegung des rechten Oberschenkels erwähnt, so festgelegt, dass die Markierung der rechten Hüfte den Ursprung bestimmt. Die Koordinatenachsen sind so angeordnet, dass die x-Achse ungefähr parallel zur Sitzoberfläche in Richtung des rechten Knies zeigt. Die y-Achse liegt etwa in Richtung der Hüfte, während die z-Achse nahezu senkrecht nach oben zeigt.

Abbildung 4.10 zeigt den zeitlichen Positionsverlauf der rechten Hüfte. Dies entspricht dem Ursprung des Koordinatensystems der Oberschenkel. Beim Koordinatensystem des Oberkörpers wird dessen senkrechte Projektion auf die Ausgleichsebene der Oberkörpermarkierungen als Ursprung verwendet. Diese Abweichung ändert jedoch nichts am qualitativen Verlauf der Bahn, insofern wird hier auf die Unterscheidung verzichtet.

Vorab ist hier anzumerken, dass ein Teil der Bewegung zu Beginn und am

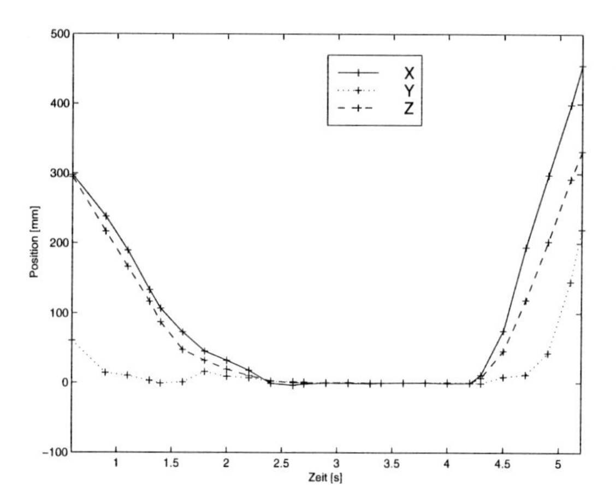


Abbildung 4.10: Zeitlicher Verlauf der Position der rechten Hüfte im Koordinatensystem des Sitzes.

Ende entfernt wurde. Diese Teile sind für die Prüfung ohne Bedeutung, da hier noch kein Kontakt mit dem Sitz vorliegt, wie aus den Daten der Sensormatten zu entnehmen ist. Zur Vereinfachung der nachfolgenden Diagramme werden diese daher weggelassen. Somit endet und beginnt die Darstellung nicht mit der aufrecht stehenden Person, sondern schon während der Bewegung. Die dargestellte Anfangsposition ist vor (positive x-Richtung) und links neben (positive y-Richtung) des Sitzes. Die z-Koordinate zeigt, dass sich die Hüfte der Person ca. 300 mm oberhalb der Sitzposition, also schon in der Annäherungsphase befindet. Die Person bewegt sich nun nach hinten rechts unten in dem Sitz, bleibt dort etwa zwei Sekunden sitzen und steht anschließend wieder auf.

Betrachtet man nun den Verlauf der Orientierung, so ist im linken Teil von Abbildung 4.11 die der Oberschenkel zu erkennen. Der Winkel um die Hüfte zur Horizontalen (B) beginnt bei etwa 55°, was den teilweise ausgestreckten Oberschenkeln entspricht. Dieser wird immer kleiner, da die Oberschenkel beim Hinsetzen immer stärker angezogen werden, bis sie schließlich eine fast waagrechte Position erreichen (0°). Die beiden anderen Winkel weisen keine derartig starke Veränderung auf. Die Rotation um die vertikale Achse (A) zeigt, dass zu Beginn der Bewegung die Oberschenkel etwas nach rechts gedreht sind (negative Winkel). Bei der Bewegung in den Sitz hinein werden sie

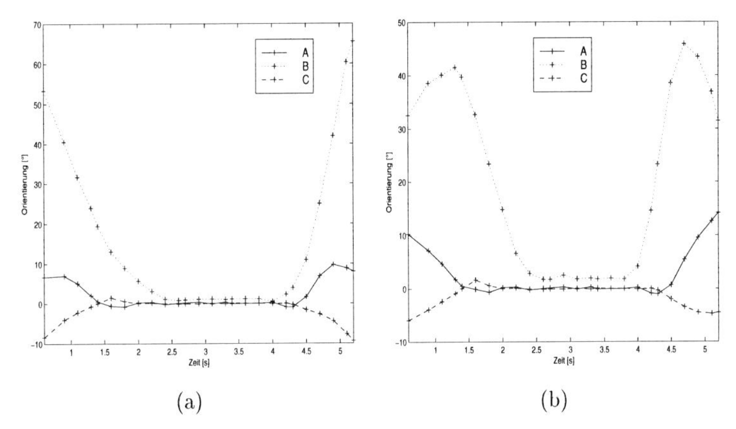


Abbildung 4.11: Zeitlicher Verlauf der Orientierung der Koordinatensysteme in Roll-Pitch-Yaw-Koordinaten. (a) Orientierung des Oberschenkels. (b) Orientierung des Oberkörpers.

leicht nach links gedreht, bis sie schließlich beim Sitzen nahezu unverdreht sind. Die Drehung um die x-Achse (C), also die Kippung der Hüfte ist nur in der Anrückbewegung vorhanden und während der Sitzphase vernachlässigbar klein. Beim Aufstehen zeigt sich der umgekehrte Verlauf.

Den Verlauf der Orientierung des Oberkörpers zeigt der rechte Teil von Abbildung 4.11. Hier ist wiederum vor allem die Drehung um die Hüfte (B) interessant. Zu Beginn ist der Oberkörper noch nahezu aufrecht und wird während der Bewegung bis etwa 45° nach vorne gebeugt. Beim Erreichen der Sitzposition geht der Winkel fast gegen Null, d.h. der Oberkörper ist in etwa aufrecht. Beim Aufstehen zeigt sich der umgekehrte Verlauf. Der Winkel um die vertikale Achse (A) und die Kippung der Hüfte (C) sind vergleichbar mit denen der Oberschenkel und zeigen einen ähnlichen Verlauf.

Bei der abschließenden qualitativen Betrachtung der Kraftverläufe zeigt sich das in Abbildung 4.12 dargestellte Verhalten. Links ist der Kraftverlauf auf dem Sitzkissen dargestellt. Am Anfang und am Ende sind keine Kräfte eingezeichnet, was zeigt, dass noch keine Kraft auf den Sitz einwirkt. Danach steigt sie stark an, nimmt nochmals leicht ab, was durch eine kleine Umpositionierung der Person auf dem Sitz verursacht wird, und bleibt dann während des Sitzens in etwa konstant. Beim Aufstehen nimmt die Kraft schließlich wieder ab und geht auf Null zurück.

Die in Abbildung 4.12(b) dargestellte, auf die Rückenlehne einwirken-

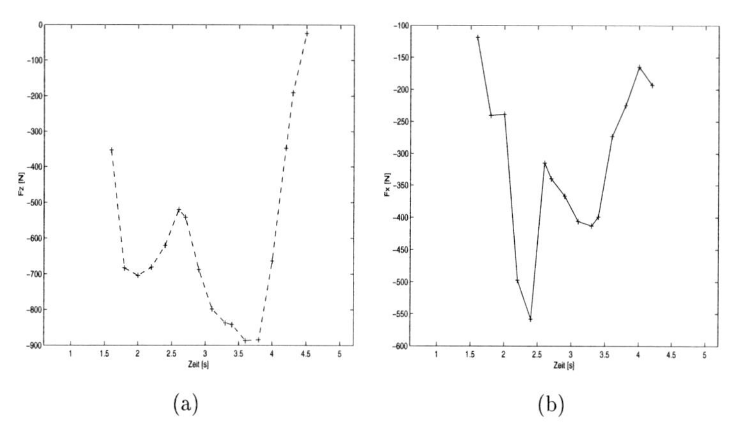


(a) (b)

Abbildung 4.12: Zeitlicher Verlauf der Kräfte. (a) Vertikale Kraft auf das Sitzkissen. (b) Kraft auf die Rückenlehne.

de Kraft zeigt einen ähnlichen Verlauf, wobei die hier einwirkenden Kräfte deutlich niedriger sind. Im Zeitbereich zwischen 2 und 2,5 Sekunden wird die Kraft kurzfristig recht groß, was darauf zurückzuführen ist, dass die Person sich stärker nach hinten in die Rückenlehne legt.

Dieser qualitative Verlauf zeigt sich, mit kleinen Variationen, bei jedem Hinsetz- und Aufstehvorgang. Somit werden die hier vorgestellten Kraft- und Positionsverläufe für die Spezifikation der beiden neuen Prüfverfahren verwendet. Hierbei sind nur die Teile interessant, bei denen ein Kontakt mit dem Sitz vorliegt. Die Bewegung außerhalb des Sitzes kann somit für die Prüfspezifikation entfernt werden. Somit dient die letzte Position ohne Kontakt vor dem Hinsetzten und die erste Position ohne Kontakt beim Aufstehen als erste bzw. letzte Position der Prüfung. Sowohl die „Ingress-Egress-Seat“-Prüfung zur Simulation der Belastung des Sitzkissens, als auch die „Ingress-Egress-Back“-Prüfung zur Belastung der Rückenlehne bestehen somit aus mehreren zeitindizierten Punkten, welche, abgesehen vom ersten und letzten Punkt, alle mit einer eindimensionalen Kraftinformation versehen sind.

## 4.6 Zusammenfassung

In diesem Kapitel wurde die Aufnahme der Bewegungs- und Belastungsdaten beschrieben. Zur Aufzeichnung der Bewegung des Menschen wird dieser mit reflektierenden Markern versehen. Deren Bewegungsbahnen werden mit einem Motion Capturing System, bestehend aus mehreren Kameras, verfolgt. Die Belastung des Sitzes wird gleichzeitig durch jeweils eine Sensormatte auf dem Sitzkissen und dem Rückenteil gemessen. Hierbei sind nur die senkrecht auf die Matten einwirkenden Kräfte messbar.

Weiterhin wurde die gesamte Verarbeitung der Daten beschrieben. Die Bewegungsdaten müssen aufwändig verarbeitet werden, um die Bahnen der Oberschenkel und des Oberkörpers zu extrahieren. Die genaue Vorgehensweise zur Lösung der hierbei auftretenden linearen und nichtlinearen Gleichungssysteme wurde vorgestellt. Die Verarbeitung der Belastungsdaten gestaltet sich wesentlich einfacher, da momentan nur die Gesamtkraft verwendet wird, welche einfach aus dem gemessenen Druck jedes Sensors und dessen Fläche bestimmt werden kann. Beide Informationen werden zeitlich synchronisiert und zu einem Bewegungs- und Belastungsverlauf zusammengefügt.

Diese Daten werden schließlich zur Spezifikation von zwei Prüfverfahren verwendet. Die „Ingress-Egress-Seat"-Prüfung imitiert die menschliche Bewegung und Belastung auf dem Sitzkissen, während die „Ingress-Egress-Back"-Prüfung die der Rückenlehne imitiert. Mit diesen beiden Datensätzen stehen somit die Prüfspezifikationen zur Verfügung. Als nächster Schritt muss nun noch ein System realisiert werden, welches diese Prüfungen auch ausführen kann.

# Kapitel 5

# Bewegungsgenerierung

Wie in Kapitel 3 deutlich wurde, werden zwei Typen von Bewegungen benötigt. Die sinusförmigen Bewegungen werden für die Ausführung der herkömmlichen Schwingungsprüfungen gebraucht. Weiterhin müssen für die Ausführung der aufgezeichneten menschlichen Bewegungen kartesische Punkte zu den angegebenen Zeitpunkten erreicht werden. Beide Bewegungsformen haben gemeinsam, dass bei ihnen Stützpunkte zeitgenau angefahren werden müssen. Wie schon in Kapitel 3 beschrieben wurde, ist dies mit den Standardbewegungen PTP, zirkular und linear einer Robotersteuerung nicht möglich. Dies liegt zum einen daran, dass die Zeit zum Erreichen des Endpunktes nicht spezifizierbar ist. Weiterhin ist das Verhalten an den Stützpunkten ungenügend, da hier nur ein Stoppen (Genauhalt) oder das Überschleifen möglich ist. Beim Überschleifen wird vor Erreichen des Endpunktes schon auf den nächsten Bahnabschnitt übergegangen. Dies umgeht das Abbremsen am Endpunkt, führt aber letztendlich dazu, dass der Punkt nicht erreicht wird. Beide Verfahren sind daher ungeeignet und deshalb ist es unumgänglich, neue Bewegungsprofile zu realisieren.

## 5.1 Interpolator

Die Robotersteuerung benötigt in jedem Interpolationstakt $p$ der Dauer $\Delta T$ die neue Sollposition $\vec{\theta}(t_p)$ aller Gelenke zum Zeitpunkt $t_p = p \cdot \Delta T$. Diese muss für jedes Gelenk $i$ den folgenden Anforderungen genügen:

1. Die Gelenkposition muss innerhalb der Limits liegen:
   $(\theta_i)_{min} \leq \theta_i(t_p) \leq (\theta_i)_{max}$
2. Die Gelenkgeschwindigkeit muss kleiner oder gleich der maximalen Gelenkgeschwindigkeit sein: $\left|\dot{\theta}_i(t_p)\right| \leq \left(\dot{\theta}_i\right)_{max}$

3. Die Gelenkbeschleunigung muss kleiner oder gleich der maximalen Gelenkbeschleunigung sein: $\left|\ddot{\theta}_i(t_p)\right| \leq \left(\ddot{\theta}_i\right)_{max}$

Der realisierte Interpolator überprüft diese Bedingungen in jedem Interpolationstakt und stoppt die Bewegung sofort bei Verletzung derselben.

Mit Hilfe der weiter unten beschriebenen Bewegungen kann der Interpolator die nächste Sollposition der Gelenke bestimmen. Hierbei muss unterschieden werden, ob die Bewegung im kartesischen Raum oder im Gelenkwinkelraum definiert ist. Bei kartesischen Bewegungen muss in jedem Interpolationstakt aus der kartesischen Position mit Hilfe der Inversen Kinematik die Gelenkposition berechnet werden, wodurch schrittweise die Bahn im Gelenkwinkelraum berechnet wird. Bei diesem Übergang kann es passieren, dass die Stetigkeit der Bahn verlorengeht. Dies kann sowohl die Beschleunigung, die Geschwindigkeit, als auch die Position betreffen. Es ist daher selbst durch die Wahl einer zweimal stetig differenzierbaren Bahn im kartesischen Raum nicht die Einhaltung der Bedingungen im Gelenkwinkelraum garantierbar. Aus diesem Grund müssen diese vom Interpolator in jedem Interpolationstakt überprüft werden.

Im Folgenden werden alle kartesischen Positionen im Basiskoordinatensystem angegeben. Dies bedeutet, dass sowohl das Bezugskoordinatensystem als auch das Darstellungskoordinatensystem gleich dem Basiskoordinatensystem $\mathbf{K}_B$ ist. Aus diesem Grund werden beide nicht mehr explizit angegeben und anstelle von ${}^{\mathrm{B}}\vec{\vec{P}}_{\langle\mathrm{B}\rangle}$ vereinfachend $\vec{\vec{P}}$ geschrieben. Weiterhin wird zwischen den Originaldaten der Prüfspezifikation, den berechneten Solldaten und den, durch Offsets modifizierten Solldaten unterschieden. Diese sind jeweils durch die Indizes $_{orig}$, $_{soll}$ und $_{mod}$ gekennzeichnet.

## 5.2 Sinusförmige Bewegungen

Bei einer kartesischen sinusförmigen Bewegung ist nicht nur deren Bahn im Raum, sondern auch deren zeitlicher Ablauf vorgegeben. Für jeden Interpolationszeitpunkt $t_p$ ist also die kartesische Position $\vec{\vec{P}}_{orig}(t_p)$ festgelegt. Bei den hier realisierten Bewegungen ist es möglich, in allen sechs kartesischen Dimensionen $i = x, y, z, a, b, c$ eine Sinusschwingung vorzugeben. Alle Schwingungen haben die gleiche Basisfrequenz $f_{orig}$. Diese bestimmt die Originaldauer $T_{orig} = 1/f_{orig}$ eines Prüfzyklus. Da der Roboter nur am Ende eines Interpolationstaktes der Dauer $\Delta T$ interpolieren kann, wird diese Zykluszeit auf den nächsthöheren Takt aufgerundet: $T_{soll} = \left\lceil \frac{T_{orig}}{\Delta T} \right\rceil \Delta T \geq T_{orig}$. Somit verringert sich die Basisfrequenz im Allgemeinen leicht: $f_{soll} = \frac{1}{T_{soll}} \leq \frac{1}{T_{orig}} = f_{orig}$.

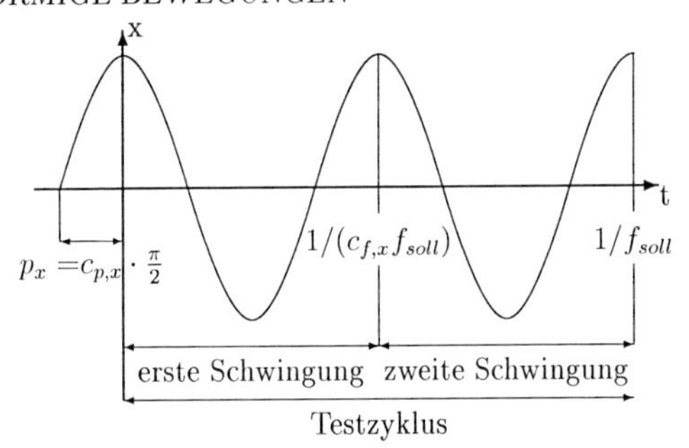


Abbildung 5.1: Wichtige Zeitpunkte einer sinusförmigen Prüfbewegung mit Frequenzfaktor $c_{f,x} = 2$ und Phasenfaktor $c_{p,x} = 1$.

Um unterschiedliche Frequenzen in den einzelnen Dimensionen zu ermöglichen, können diese mit Hilfe der ganzzahligen und positiven Frequenzfaktoren $c_{f,i} \in I\!N$ des Frequenzfaktorvektors $\vec{\vec{c}}_f = [c_{f,x}, c_{f,y}, c_{f,z}, c_{f,a}, c_{f,b}, c_{f,c}]^T$ erhöht werden. Diese Faktoren legen somit fest, wieviele Schwingungen in den einzelnen Dimensionen pro Prüfzyklus durchgeführt werden. Weiterhin kann in jeder Dimension die Phase $p_i = c_{p,i} \cdot \frac{\pi}{2}$ durch den ganzzahligen Phasenfaktor $c_{p,i} \in I\!N_0$ in Schritten von $\frac{\pi}{2}$ mit Hilfe des Phasenfaktorvektors $\vec{\vec{c}}_p = [c_{p,x}, c_{p,y}, c_{p,z}, c_{p,a}, c_{p,b}, c_{p,c}]^T$ gewählt werden. Abbildung 5.1 zeigt dies an einem Beispiel für die x-Richtung mit Frequenzfaktor $c_{f,x} = 2$ und Phasenfaktor $c_{p,x} = 1$.

Weiterhin ist der Betrag der Originalamplitude $\vec{\vec{P}}_{A,orig}$ und der Originalmittelpunkt $\vec{\vec{P}}_{M,orig}$ der Schwingung in allen Dimensionen frei wählbar und bezüglich des Basiskoordinatensystems $\mathbf{K}_B$ definiert. Die Originalschwingung lässt sich somit durch folgende vektorielle Gleichung darstellen:

$$\vec{\vec{P}}_{orig}(t) = \vec{\vec{P}}_{A,orig} \cdot \vec{\vec{\sin}} \left(2\pi(\vec{\vec{c}}_f \cdot f_{orig}) \cdot t + \vec{\vec{c}}_p \cdot \frac{\pi}{2}\right) + \vec{\vec{P}}_{M,orig} \tag{5.1}$$

Da Amplitude, Mittelpunkt, Frequenz- und Phasenfaktoren der Sollschwingung mit den Originalwerten übereinstimmen, weist die Sollschwingung lediglich eine leicht unterschiedliche Frequenz gegenüber der Originalschwingung von Gleichung (5.1) auf:

$$\vec{\vec{P}}_{soll}(t) = \vec{\vec{P}}_{A,orig} \cdot \vec{\vec{\sin}} \left(2\pi(\vec{\vec{c}}_f \cdot f_{soll}) \cdot t + \vec{\vec{c}}_p \cdot \frac{\pi}{2}\right) + \vec{\vec{P}}_{M,orig} \tag{5.2}$$

Abbildung 5.2 veranschaulicht die Wirkung von Amplitude und Mittelpunkt.

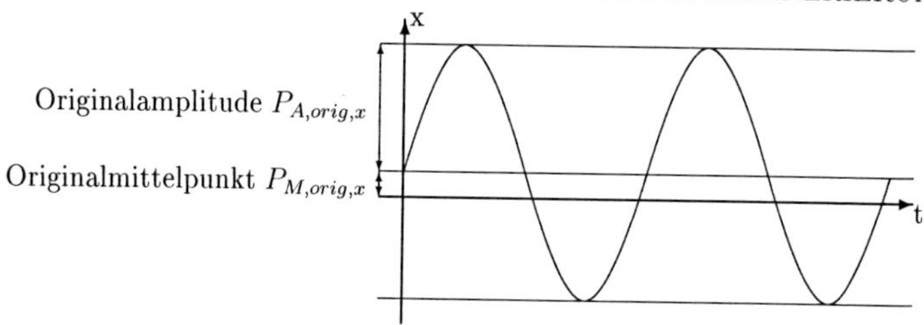


Abbildung 5.2: Durch Amplitude $P_{A,orig,x}$ und Mittelpunkt $P_{M,orig,x}$ spezifizierte x-Koordinaten der Originalbahn einer sinusförmigen Prüfbewegung.

Als weiterer Freiheitsgrad kann die Position jedes Extrempunktes durch einen Offset modifiziert werden (Abb. 5.3) [19]. Deren Anzahl ist in jeder Dimension $i$ doppelt so hoch wie ihr Frequenzfaktor. Man erhält somit eine Liste $P_{off,i} = [P_{off,1,i}, \ldots, P_{off,(2 \cdot c_{f,i}),i}]$ mit den Offsetwerten der Extrempunkte. Diese Listen können in den einzelnen Dimensionen unterschiedlich lang sein. Allerdings können alle durch Auffüllen mit Nullen am Ende auf dieselbe Länge gebracht werden. Diese Länge berechnet sich aus dem Maximum aller einzelnen Längen:

$$l_{max} = \max_i l_i = \max_i (2c_{f,i})$$

Damit lassen sich alle Offsetlisten zeilenweise in die $(6 \times l_{max})$-Matrix $\mathbf{P}_{off}$ einfügen. Hierbei ist $P_{off,j,i}$ der Offset des $j$-ten Extremums in Dimension $i$.

Die mit Offsets modifizierte Bahn kann nun nicht mehr mittels einer einzigen Sinusschwingung beschrieben werden, da Mittelpunkt und Amplitude zwischen einzelnen Extrempunkten unterschiedlich sein können. Die Bahn kann in jeder Dimension somit nur noch stückweise zwischen jeweils zwei Extrempunkten durch eine Halbschwingung dargestellt werden. Die Sollwerte von Extremum $j$ in Dimension $i$ berechnen sich wie folgt:

$$P_{soll,j,i} = \begin{cases} P_{M,soll,i} - P_{A,soll,i} & \text{falls } j \text{ Minimum} \\ P_{M,soll,i} + P_{A,soll,i} & \text{falls } j \text{ Maximum} \end{cases} \tag{5.3}$$

Die modifizierte Position erhält man durch Addition des Offsets:

$$P_{mod,j,i} = P_{soll,j,i} + P_{off,j,i} \tag{5.4}$$

Der zeitliche Abstand $h_i$ zwischen zwei Extrempunkten beträgt $h_i := \frac{1}{2 \cdot c_{f,i} \cdot f_{soll}}$. In Abhängigkeit des Phasenfaktors kann sich die Lage aller Extremas um die Zeit $\frac{h_i}{2}$ verschieben. Wählt man nun das erste Extremum so,

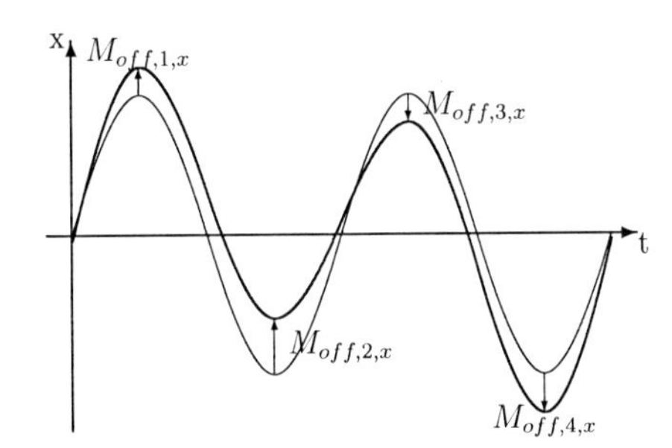


Abbildung 5.3: X-Koordinaten der Sollbahn (dünne Linie) und der, durch Offsets modifizierten Sollbahn (dicke Linie) einer sinusförmigen Prüfbewegung.

dass es nicht am Zeitpunkt $t = 0$ liegt, so lässt sich der Zeitpunkt $t_{j,i}$ von Extremum $j = 1, \ldots, 2 \cdot c_{f,i}$ in Dimension $i$ mit folgender Formel berechnen:

$$t_{j,i} = \frac{j + \frac{1}{2}\left(\text{mod}(c_{p,i}, 2) - 1\right)}{2 \cdot c_{f,i} \cdot f_{soll}} \tag{5.5}$$

Nun können die Parameter der Halbschwingung zwischen den Extrempunkten $j$ und $j+1$ bestimmt werden. Ist $j + 1 > 2 \cdot c_{f,i}$, dann wird dieser Index durch $\text{mod}(j, 2 \cdot c_{f,i}) + 1$ ersetzt, d. h. es wird nach $(2 \cdot c_{f,i})$-Schritten wieder von vorne begonnen. Die modifizierte Amplitude ergibt sich zu

$$P_{A,mod,j,i} = \frac{1}{2}\left(P_{mod,j,i} - P_{mod,j+1,i}\right) \tag{5.6}$$

und der modifizierte Mittelwert zu

$$P_{M,mod,j,i} = \frac{1}{2}\left(P_{mod,j,i} + P_{mod,j+1,i}\right) \tag{5.7}$$

Die, durch Offsets modifizierte Halbschwingung berechnet sich somit für $t \in (t_{j,i}, t_{j+1,i}]$ mittels

$$P_{mod,j,i}(t) = P_{A,mod,j,i} \cdot \sin\left(2\pi\left(c_{f,i} \cdot f_{soll}\right) \cdot (t - t_{j,i}) + \frac{\pi}{2}\right) + P_{M,mod,j,i} \tag{5.8}$$

Zusammenfassend setzt sich eine sinusförmige Prüfbewegung in jeder kartesischen Dimension $i$ aus $2 \cdot c_{f,i}$ sinusförmigen Teilbewegungen $P_{mod,j,i}(t)$

zusammen. Diese sind beliebig oft stetig differenzierbar, haben also einen stetigen Positions-, Geschwindigkeits- und Beschleunigungsverlauf. An den Verbindungspunkten der Teilbewegungen haben zwei benachbarte Teilbewegungen dieselbe Position und jeweils eine Geschwindigkeit von Null. Somit ist die Gesamtbewegung in einer Dimension stetig hinsichtlich Position und Geschwindigkeit. Lediglich die Beschleunigung kann Sprünge an den Verbindungspunkten aufweisen. Die Profile in den einzelnen Dimensionen werden durch die Extrempunkte beschrieben, deren zeitliche Lage durch die Basisfrequenz $f_{soll}$, den Frequenzfaktor $c_{f,i}$ und den Phasenfaktor $c_{p,i}$ festgelegt ist. Die Position von Extremum $j = 1, \ldots, 2 \cdot c_{f,i}$ berechnet sich aus der Originalamplitude $P_{A,orig,i}$, dem Originalmittelpunkt $P_{M,orig,i}$ und dem Offset $P_{off,j,i}$. Zwischen zwei benachbarten Extrempunkten verläuft die Bewegung sinusförmig. Aus den einzelnen sinusförmigen Bewegungen in den kartesischen Dimensionen ergibt sich schließlich die Gesamtbewegung, welche mit Hilfe der Inversen Kinematik in jedem Interpolationstakt $t_p$ in Gelenkwerte umgerechnet wird.

## 5.3 Freie Bewegungen

Bei den freien Bewegungen werden $n_j$ kartesische Originalpositionen $\vec{\vec{P}}_{orig,j}$ mit ihrer Originalzeit $t_{orig,j}$ vom Benutzer vorgegeben ($j = 1, \ldots, n_j$). Vorläufig werden nur die Originalwerte verwendet, daher wird der Index $_{orig}$ bis auf Weiteres nicht explizit angegeben. Zwischen diesen Stützpunkten muss geeignet interpoliert werden, was entweder im kartesischen Arbeitsraum oder im Gelenkwinkelraum geschehen kann. Wie schon eingangs erwähnt, kann bei einer kartesischen Bewegung nicht vor der Transformation in den Gelenkwinkelraum sichergestellt werden, dass die Beschleunigungs- und Geschwindigkeitslimits der Gelenke eingehalten werden. Dieses Problem stellt sich bei Interpolation im Gelenkwinkelraum nicht, und daher wird diese Möglichkeit vorgezogen. Hierzu müssen zunächst die kartesischen Positionen $\vec{\vec{P}}_j$ mit Hilfe der Inversen Kinematik in ihre entsprechenden Gelenkstellungen $\vec{\theta}_j$ umgerechnet werden. Für jedes Gelenk $i$ soll nun eine Interpolationsfunktion $S_i(t)$ die Gelenkwerte interpolieren. Die vektorielle Interpolationsfunktion $\vec{\vec{S}}(t) = [S_1(t), \ldots, S_6(t)]^T$ interpoliert somit für alle Gelenke. Jede Interpolationsfunktion $S_i(t)$ sollte dabei folgende Randbedingungen erfüllen:

**(1)** Die Punkte müssen zum richtigen Zeitpunkt erreicht werden:

$S_i(t_j) = \theta_{j,i}, \forall j = 1, \ldots, n_j$ (Interpolationsbedingung).

**(2)** Die Geschwindigkeit und die Beschleunigung sollen keine Sprünge aufweisen, d. h. $S_i(t)$ soll zweimal stetig differenzierbar sein.

**(3)** Die Beschleunigung am Start- und Endpunkt soll Null sein (natürliche Splines): $\ddot{S}_i(t_1) = \ddot{S}_i(t_{n_j}) = 0$.

**(4)** Die Geschwindigkeit am Start- und Endpunkt soll den vorgegebenen Werten entsprechen: $\dot{S}_i(t_1) = \dot{\theta}_{1,i} \wedge \dot{S}_i(t_{n_j}) = \dot{\theta}_{n_j,i}$.

**(5)** Die Geschwindigkeit soll immer kleiner oder gleich der Maximalgeschwindigkeit des Gelenkes sein: $\left|\dot{S}_i(t)\right| \leq \left(\dot{\theta}_i\right)_{max} \quad \forall t \in [t_1, t_{n_j}]$.

**(6)** Die Beschleunigung soll immer kleiner oder gleich der Maximalbeschleunigung des Gelenkes sein: $\left|\ddot{S}_i(t)\right| \leq \left(\ddot{\theta}_i\right)_{max} \quad \forall t \in [t_1, t_{n_j}]$.

### 5.3.1 Kubische Splines

Die Bedingungen eins bis vier lassen sich durch so genannte kubische Splines erfüllen. Hierbei wird für alle Punkte $j = 1, \ldots, n_j - 1$ zwischen diesem und seinem Nachfolger $j+1$, d. h. im Zeitintervall $[t_j, t_{j+1}]$ mittels eines Polynoms vom Grad drei interpoliert:

$$S_{j,i}(t) = a_{j,i} + b_{j,i}(t - t_j) + c_{j,i}(t - t_j)^2 + d_{j,i}(t - t_j)^3 \tag{5.9}$$

Durch Ableitung von Gleichung (5.9) erhält man die Gleichung für die Geschwindigkeit:

$$\dot{S}_{j,i}(t) = b_{j,i} + 2 \cdot c_{j,i}(t - t_j) + 3 \cdot d_{j,i}(t - t_j)^2 \tag{5.10}$$

Durch Ableitung von Gleichung (5.10) erhält man die Gleichung für die Beschleunigung:

$$\ddot{S}_{j,i}(t) = 2 \cdot c_{j,i} + 6 \cdot d_{j,i}(t - t_j) \tag{5.11}$$

Die Länge eines Teilintervalls wird im Folgenden mit $h_j$ bezeichnet ($h_j = t_{j+1} - t_j$). Die Parameter $a_{j,i}, b_{j,i}, c_{j,i}$ und $d_{j,i}$ ($j = 1, \ldots, n_j - 1$) werden für eine Dimension $i$ nun so bestimmt, dass die Bedingungen eins bis vier erfüllt sind. Aus der Interpolationsbedingung (1) folgt:

$$a_{j,i} = \theta_{j,i} \quad (j = 1, \ldots, n_j - 1) \tag{5.12}$$

Sinnvollerweise kann dieser Parameter für den letzten Punkt $n_j$ folgendermaßen definiert werden: $a_{n_j,i} = \theta_{n_j,i}$. Wegen der natürlichen Randbedingung (3) ist $c_{1,i} = 0$ und es kann definiert werden, dass $c_{n_j,i} = 0$. Aus der Stetigkeit von $\ddot{S}_{j,i}(t)$ an den inneren Punkten (2), also aus $\ddot{S}_{j,i}(t_{j+1}) = \ddot{S}_{j+1,i}(t_{j+1})$ folgt:

$$d_{j,i} = \tfrac{c_{j+1,i} - c_{j,i}}{3h_j} \quad (j = 1, \ldots, n_j - 1) \tag{5.13}$$

Aus der Stetigkeit von $S_{j,i}(t)$ an den inneren Punkten (2), also aus $S_{j,i}(t_{j+1}) = S_{j+1,i}(t_{j+1})$ folgt:

$$b_{j,i} = \frac{a_{j+1,i} - a_{j,i}}{h_j} - \frac{2c_{j,i} + c_{j+1,i}}{3} h_j \quad (j = 1, \ldots, n_j - 1) \tag{5.14}$$

Aus der Stetigkeit von $\dot{S}_i(t)$ an den inneren Punkten (2), also aus $\dot{S}_{j,i}(t_{j+1}) = \dot{S}_{j+1,i}(t_{j+1})$ folgt für $(j = 1, \ldots, n_j - 2)$:

$$c_{j,i} h_j + 2(h_j + h_{j+1}) c_{j+1,i} + c_{j+2,i} h_{j+1} = 3 \left( \frac{a_{j+2,i} - a_{j+1,i}}{h_{j+1}} - \frac{a_{j+1,i} - a_{j,i}}{h_j} \right) \tag{5.15}$$

Durch Lösen dieses Gleichungssystems erhält man die Werte der $c_{j,i}$ aus denen die Parameter $b_{j,i}$ und $d_{j,i}$ für $j = 1, \ldots, n_j - 1$ bestimmt werden können. In [24] ist eine genaue Beschreibung des Verfahrens zu finden.

### 5.3.2 Stückweise Splineberechnung

Das Hauptproblem der kubischen Splines ist, dass die Geschwindigkeits- und Beschleunigungslimits (5) bzw. (6) nicht beachtet werden. Es kann also vorkommen, dass der berechnete Spline nicht durch den Roboter ausführbar ist. Eine Berücksichtigung dieser Bedingungen ist bei diesem Verfahren leider nicht möglich, daher muss ein anderes Verfahren zur Lösung dieses Problems gefunden werden.

Bei dem, im Folgenden vorgestellten Verfahren werden die Parameter nur für den aktuellen Bereich $[t_j, t_{j+1}]$ bestimmt. Hierdurch wird zwar in Kauf genommen, dass die Gesamtbahn nicht mehr so glatt wie beim vorherigen Verfahren ist, allerdings wird die Einhaltung der Limits dadurch prinzipiell ermöglicht.

In [15] ist ein ähnlicher Ansatz, allerdings für die Bestimmung einer zeitoptimierten Bahn zu finden. Das Verfahren wird dort nur für eine Dimension theoretisch hergeleitet und die Ergebnisse lediglich simuliert. Weiterhin unterliegt es zusätzlichen Randbedingungen, die hier weder erwünscht noch sinnvoll sind. Die im Folgenden vorgestellte Splineberechnung stellt somit eine Erweiterung und Verallgemeinerung dieses Verfahrens dar.

Für jede Dimension $i$ wird der Spline $S_{j,i}$ bestimmt. Die Randbedingungen der Beschleunigung können leider nicht mehr eingehalten werden. Insofern ist die Randbedingung (3), dass die Beschleunigung am Start und am Ende der Bewegung gleich Null ist, nicht mehr erfüllbar. Ebenso kann die Stetigkeit der Beschleunigung an den inneren Punkten nicht mehr garantiert werden. Randbedingung (2) ändert sich also folgendermaßen:

(2') Die Geschwindigkeit soll keine Sprünge aufweisen, d. h. $S_{j,i}(t)$ soll *einmal* stetig differenzierbar sein.

Aus der Interpolationsbedingung (1) folgt:

$$S_{j,i}(t_j) = \theta_{j,i} \tag{5.16}$$

$$S_{j,i}(t_{j+1}) = \theta_{j+1,i} \tag{5.17}$$

Eine weitere Bedingung ergibt sich aus der Endgeschwindigkeit des vorherigen Splines bzw. aus der Anfangsgeschwindigkeit der Gesamtbewegung und der Stetigkeitsbedingung (2'):

$$\dot{S}_{j,i}(t_j) = \dot{S}_{j-1,i}(t_j) =: \dot{\theta}_{A,j,i} \tag{5.18}$$

Abbildung 5.4 veranschaulicht dies für den Spline in Dimension $i$ zwischen den Gelenkstellungen $\theta_{j,i}$ und $\theta_{j+1,i}$.

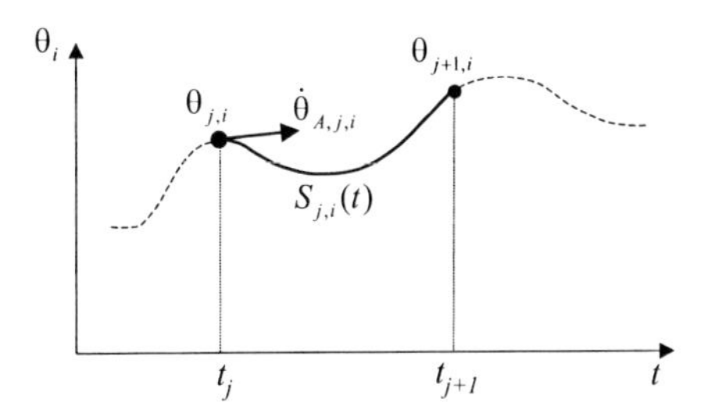


Abbildung 5.4: Spline in Dimension $i$ zwischen Gelenkstellung $\theta_{j,i}$ und $\theta_{j+1,i}$.

Die Gelenkgeschwindigkeit am Ende ist prinzipiell frei wählbar. Sie wird daher als vierte Bedingung folgendermaßen festgelegt: $\dot{S}_{j,i}(t_{j+1}) := \dot{\theta}_{E,j,i}$. Diese kann entweder durch Benutzervorgabe auf Null gesetzt, oder automatisch durch die mittlere Geschwindigkeit der nächsten Teilbahn approximiert werden. Beim letzten Punkt wird sie zwangsläufig auf Null gesetzt.

$$\dot{\theta}_{E,j,i} = \begin{cases} 0 & \text{falls } j \geq n_j - 2 \text{ oder durch Benutzervorgabe} \\ \frac{\theta_{j+2,i} - \theta_{j+1,i}}{t_{j+2} - t_{j+1}} & \text{sonst} \end{cases} \tag{5.19}$$

Somit gibt es vier Bedingungen zur Bestimmung der vier Parameter des Polynoms. Durch Einsetzen der ersten Bedingung (5.16) in Gleichung (5.9) erhält man, wie schon in Gleichung (5.12):

$$a_{j,i} = \theta_{j,i} \tag{5.20}$$

Das Einsetzen der dritten Bedingung (5.18) in Gleichung (5.10) ergibt

$$b_{j,i} = \dot{\theta}_{A,j,i} \tag{5.21}$$

Durch Auflösung der restlichen Gleichungen lassen sich die beiden weiteren Parameter bestimmen.

$$c_{j,i} = \frac{3 \cdot (\theta_{j+1,i} - \theta_{j,i}) - \left(2 \cdot \dot{\theta}_{j,i} + \dot{\theta}_{j+1,i}\right) \cdot h_j}{h_j^2} \tag{5.22}$$

$$d_{j,i} = \frac{2 \cdot (\theta_{j,i} - \theta_{j+1,i}) + \left(\dot{\theta}_{j,i} + \dot{\theta}_{j+1,i}\right) \cdot h_j}{h_j^3} \tag{5.23}$$

Mit diesem Verfahren lassen sich für jedes Gelenk $i$ die vier Parameter des jeweiligen Splines $S_{j,i}$ unabhängig voneinander bestimmen. Diese Polynome legen somit in jedem Interpolationstakt die Stellung aller Gelenke fest und stellen sicher, dass der nächste Punkt $\vec{\vec{P}}_{orig,j+1}$ zur richtigen Zeit $t_{orig,j+1}$ erreicht wird. Ist die Bewegung an diesem Punkt angelangt, werden neue Polynome zum übernächsten Punkt $\vec{\vec{P}}_{orig,j+2}$ berechnet, bis schließlich der letzte mit Endgeschwindigkeit Null erreicht wird und der Prüfzyklus beendet ist.

## 5.3.3 Einhaltung der Limits

Die Einhaltung der Geschwindigkeits- und Beschleunigungslimits ist bei diesem Verfahren für jeden Spline $S_{j,i}$ nur durch die Variation seiner Endzeit $t_{orig,j+1}$ möglich. Diese soll zwar eigentlich nicht variiert werden, allerdings ist es sinnvoller eine leichte Modifikation zuzulassen, als einen Abbruch der Roboterbewegung auf Grund einer Verletzung der Geschwindigkeits- bzw. Beschleunigungslimits zu riskieren. Es muss daher überprüft werden, ob der Spline $\vec{\vec{S}}_j(t)$ im Zeitintervall $[t_{orig,j}, t_{orig,j+1}]$ durch den Roboter ausführbar ist. Hierzu wird für jedes Gelenk $i$ untersucht, ob der Spline $S_{j,i}$ die Limits dieses Gelenks einhält. Im Folgenden wird nun zwischen der Originalzeit $t_{orig,j}$ und der unter Umständen neuberechneten Sollzeit $t_{soll,j}$ unterschieden. Zu beachten ist hierbei, dass die Anfangszeit des Splines schon durch die Berechnungen der vorherigen Splines verschoben sein kann. Insofern kann die Sollzeit $t_{soll,j}$ schon von der Originalzeit $t_{orig,j}$ verschieden sein und eine Differenz $\Delta T_{orig,soll}(j) = t_{soll,j} - t_{orig,j}$ aufweisen. Da die Zeitdauer zwischen zwei Punkten möglichst wenig verändert werden soll, wird auch die Endzeit $t_E$ des Splines um diese Differenz verschoben: $t_E = t_{orig,j+1} + \Delta T_{orig,soll}(j)$.

Es wird also nicht versucht, die verlorene Zeit wieder einzuholen, indem zwischen den nachfolgenden Stützpunkten schneller gefahren wird. Dies würde nämlich zu einer größeren Ungenauigkeit führen, da Einzelteile der Bewegung hierfür schneller ausgeführt werden müssten.

Als erstes wird die Geschwindigkeit betrachtet, wobei zunächst die Randpunkte überprüft werden. Da die Anfangsgeschwindigkeit $\dot{S}_{j,i}(t_{soll,j})$ gleich der Endgeschwindigkeit $\dot{S}_{j-1,i}(t_{soll,j})$ des vorherigen Polynoms ist, bzw. für $j = 1$ die Geschwindigkeit entsprechend vorgegeben wird, liegt diese schon innerhalb der Limits und muss nicht mehr überprüft werden. Die Endgeschwindigkeit $\dot{S}_{j,i}(t_E)$ wird mittels Gleichung (5.19) festgelegt. Durch entsprechende Wahl kann daher ebenfalls schon sichergestellt werden, dass die Geschwindigkeitslimits eingehalten werden. Somit muss die Endgeschwindigkeit auch nicht weiter überprüft werden.

Gleichung (5.10) zeigt, dass die Geschwindigkeit eine quadratische Funktion ist, weshalb sie ein lokales Extremum besitzt. Die Zeit $t_{L,j,i}(t_E)$ des lokalen Extremums lässt sich in Abhängigkeit von der Sollendzeit $t_E$ bestimmen. Liegt $t_{L,j,i}(t_E)$ innerhalb, aber nicht genau am Anfang oder am Ende des Zeitintervalls des Splines, so muss das lokale Extremum berücksichtigt werden. Die Geschwindigkeit $\dot{\theta}_{L,j,i}(t_E) := \dot{S}_{j,i}(t_{L,j,i}(t_E))$ am lokalen Extremum ist ebenfalls von der Endzeit abhängig und und muss innerhalb der Geschwindigkeitlimits liegen.

Die Betrachtung von Gleichung (5.11) zeigt, dass die Beschleunigung eine lineare, von $t_E$ abhängige Funktion ist. Insofern müssen nur die beiden Randpunkte $\ddot{\theta}_{A,j,i} := \ddot{S}_{j,i}(t_{soll,j})$ und $\ddot{\theta}_{E,j,i} := \ddot{S}_{j,i}(t_E)$ überprüft werden.

Die Geschwindigkeits- und Beschleunigungslimits eines Gelenks $i$ führen daher zu folgenden Randbedingungen:

**(1)** $t_{L,j,i}(t_E) \notin [t_{soll,j}, t_E] \vee \left(t_{L,j,i}(t_E) \in (t_{soll,j}, t_E) \wedge \left|\dot{\theta}_{L,j,i}(t_E)\right| \leq \left(\dot{\theta}_i\right)_{max}\right)$

**(2)** $\left|\ddot{\theta}_{A,j,i}(t_E)\right| \leq \left(\ddot{\theta}_i\right)_{max}$

**(3)** $\left|\ddot{\theta}_{E,j,i}(t_E)\right| \leq \left(\ddot{\theta}_i\right)_{max}$

Werden diese bei allen Gelenken erfüllt, so ist $t_E$ eine gültige Endzeit, und die Bewegung kann vom Roboter ausgeführt werden, wobei die Sollzeit des nächsten Stützpunktes gleich der Endzeit ist: $t_{soll,j+1} = t_E$. Ist dies nicht der Fall, so muss eine andere Endzeit $t_E^*$ ermittelt werden, bei der für alle Gelenke die Limits eingehalten werden. Hierzu ist die Berechnung der Menge $M_{ges,j}$ notwendig, welche alle Werte für $t_E^*$ enthält, für die die Geschwindigkeits- und Beschleunigungslimits aller Gelenke des vektoriellen Splines $\vec{S}_j(t)$ eingehalten werden. Dieses Verfahren wurde im Rahmen dieser Arbeit entwickelt und wird im Folgenden kurz vorgestellt. Eine ausführliche Beschreibung der analytischen Berechnungen ist in Anhang C zu finden. Als zusätzliche Bedingung für die bisherige Endzeit gilt implizit $t_E > t_{soll,j}$. Bei der Berechnung der modifizierten Endzeit $t_E^*$ muss daher diese Bedingung ebenfalls eingehalten werden:

**(4)** $t_E^* > t_{soll,j}$

Zunächst wird die Menge $M_{ges,j}(i)$ bestimmt, welche alle Werte $t_E^*$ enthält, die die drei Randbedingungen (1), (2) und (3) erfüllen. Randbedingung (1) behandelt das lokale Extremum der Geschwindigkeit. Zunächst kann die Menge bestimmt werden, bei der die Zeit des lokalen Extremas außerhalb oder auf den Rändern des Zeitintervalls liegt:

$$M_{t_L,j}(i) = \{t_E^* : t_{L,j,i}(t_E^*) \leq t_{soll,j} \vee t_{L,j,i}(t_E^*) \geq t_E^*\} \tag{5.24}$$

Danach kann die Menge bestimmt werden, bei denen das lokale Extremum der Geschwindigkeit innerhalb des Limits liegt:

$$M_{vel_L,j}(i) = \left\{t_E^* : |\dot{\theta}_{L,j,i}(t_E^*)| \leq \left(\dot{\theta}_i\right)_{max}\right\} \tag{5.25}$$

Durch die Vereinigung dieser beiden Mengen erhält man die Menge aller Zeiten $t_E^*$, welche die Randbedingung (1) erfüllen:

$$M_{1,j}(i) = M_{t_L,j}(i) \cup M_{vel_L,j}(i) \tag{5.26}$$

Mit Hilfe der Randbedingungen (2) und (3) erhält man weiterhin folgende Mengen:

$$M_{2,j}(i) = \left\{t_E^* : |\ddot{\theta}_{A,j,i}(t_E^*)| \leq \left(\ddot{\theta}_i\right)_{max}\right\} \tag{5.27}$$

$$M_{3,j}(i) = \left\{t_E^* : |\ddot{\theta}_{E,j,i}(t_E^*)| \leq \left(\ddot{\theta}_i\right)_{max}\right\} \tag{5.28}$$

Durch die Bildung der Schnittmenge der Mengen von allen drei Bedingungen erhält man die Menge aller $t_E^*$, welche alle drei Randbedingungen für Gelenk $i$ erfüllen:

$$M_{ges,j}(i) = M_{1,j}(i) \cap M_{2,j}(i) \cap M_{3,j}(i) \tag{5.29}$$

Durch Wiederholen diese Verfahrens für alle Gelenke $i$ ergeben sich die Mengen $M_{ges,j}(i)$ aller Splines $S_{j,i}$. Die Menge $M_{ges,j}$ der gültigen Werte für alle Gelenke lässt sich aus dem Schnitt der Mengen $M_{ges,j}(i)$ der einzelnen Gelenke bestimmen:

$$M_{ges,j} = \bigcap_i M_{ges,j}(i) \tag{5.30}$$

Als neue Sollzeit $t_{soll,j+1}$ für den nächsten Stützpunkt $j+1$ wird schließlich der kleinste Wert aus dieser Menge gewählt, welcher größer oder gleich der ursprünglichen Endzeit $t_E$ ist. Dies garantiert die Einhaltung der Geschwindigkeits- und Beschleunigungslimits für diese Teilbewegung. Insgesamt werden also alle Bedingungen (1) bis (4) durch diese neue Sollzeit $t_{soll,j+1}$ erfüllt.

Die Splines des hier eingesetzten Verfahrens sichern also das Erreichen der kartesischen Originalpunkte $\vec{P}_{orig,j}$ zur richtigen Zeit $t_{orig,j}$, sofern die Geschwindigkeits- und Beschleunigungslimits eingehalten werden können. Ist dies nicht möglich, so wird die die Endzeit $t_{soll,j+1}$ eines Splines derart modifiziert, dass sie eingehalten werden können. Zwischen den Punkten wird mittels kubischer Splines im Gelenkwinkelraum interpoliert. An den Verbindungen der Teilbewegungen ist die Position und Geschwindigkeit stetig, während dies für die Beschleunigung nicht sichergestellt werden kann.

## 5.4 Zusammenfassung

In diesem Kapitel wurden zwei neue Bewegungsprofile vorgestellt. Die sechsdimensionalen Sinusschwingungen im Arbeitsraum können in jeder Dimension durch unterschiedliche Frequenzen, Phasen, Mittelpunkte und Amplituden spezifiziert werden. Weiterhin ist eine Modifikation der Extrempunkte durch individuelle Offsets möglich. Zwischen jeweils zwei benachbarten Extrempunkten wird in jeder Dimension durch eine Halbschwingung interpoliert. Diese Teilbewegungen aus jeder Dimension werden zu einer Gesamtbewegung im Arbeitsraum zusammengefügt, welche schließlich in jedem Interpolationstakt $t_p$ mit Hilfe der Inversen Kinematik in Gelenkwerte umgerechnet werden.

Bei dem zweiten Bewegungsprofil handelt es sich um eine splineförmige Bewegung. Sie wurde speziell zur Ausführung der beim Menschen aufgezeichneten Bewegungen optimiert. Die Bahn ist durch sechsdimensionale Punkte im Arbeitsraum, welche zu bestimmten Zeitpunkten angefahren werden sollen, spezifiziert. Zwischen jeweils zwei benachbarten Punkten wird mit Polynomen von Grad drei in jeder Dimension des Gelenkwinkelraums interpoliert. Die Teilbewegungen werden so berechnet, dass in der Regel der nächste Stützpunkt $j+1$ zum Originalzeitpunkt $t_{orig,j+1}$ erreicht wird. Wenn allerdings diese Bahn außerhalb der Geschwindigkeits- oder Beschleunigungslimits einer oder mehrerer Achsen liegt, wird eine Neuberechnung durchgeführt. Hierbei kann der Zeitpunkt $t_{soll,j+1}$ zum Erreichen des nächsten Punktes modifiziert werden. Durch das, in dieser Arbeit entwickelte analytische Verfahren wird hierzu die Menge aller möglichen Zeiten berechnet, welche zu keiner Verletzung der Limits führen. Schließlich wird die die kleinste Zeit aus dieser Menge gewählt, welche größer oder gleich der Originalzeit ist. Somit ist sichergestellt, dass die Bewegung durch den Roboter ausführbar ist und gegebenenfalls werden hierfür kleine zeitliche Verschiebungen der Punkte in Kauf genommen.

Beide Bewegungen werden durch einen eigens dafür realisierten Interpolator ausgeführt, welcher in der Sensortask der Robotersteuerung ausgeführt wird. Dieser generiert in jedem Interpolationstakt $t_p$ neue Sollgelenkwerte $\vec{\theta}_{soll}(t_p)$ und sendet diese an die Robotersteuerung.

# Kapitel 6

# Kraftregelung

„These two processes of learning and doing are inevitably intertwined;
we learn as we do and we do as well we have intertwined;
we learn as we do as well we have learned.“
*Brooks*, 1986[25]

Dieses Kapitel enthält eine Analyse des Systems „Sitz“ und der Versuch einer Modellierung seines viskoelastischen Verhaltens. Nach der anschließenden Analyse aktueller Kraftregelungsverfahren folgt die Beschreibung der hier entwickelten Kraftregelung.

Im Folgenden wird unter Position die um die Orientierungsangabe erweiterte Position $\vec{\vec{P}} = \left[\vec{P}^T, \vec{O}^T\right]^T$ und unter Kraft die um Momente erweiterte Kraft $\vec{\vec{F}} = \left[\vec{F}^T, \vec{M}^T\right]^T$ verstanden.

## 6.1 Systemanalyse

Die Linearität eines Systems ist eine hilfreiche Eigenschaft, welche den Reglerentwurf stark vereinfacht. Zur Erfüllung dieser Eigenschaft muss folgende Beziehung der Übertragungsfunktion $T$ des Systems für beliebige Eingangssignale $x_1(t)$, $x_2(t)$ und beliebige Konstanten $k_1$ und $k_1$ gelten:

$$T\left(k_1 \cdot x_1(t) + k_2 \cdot x_2(t)\right) = k_1 \cdot T\left(x_1(t) + k_2 \cdot T(x_2(t)\right) \qquad (6.1)$$

Der Nachweis, dass ein System nichtlinear ist, kann demnach durch ein Gegenbeispiel erbracht werden.

Bei dem hier vorliegenden Fall soll ein Zusammenhang zwischen der ausgeführten Bewegung und der Reaktionskraft des Sitzes hergestellt werden. Zur Ausführung der Bewegung wird der Roboter verwendet, während die

Messung der Reaktionskraft des Sitzes durch die Kraftmessdose durchgeführt wird.

Analog zu den Verfahren, welche beim Prüfen von Schaumstoffen eingesetzt werden, wird eine Belastung (Dehnung) vorgegeben, und die Reaktionen (Spannung) des Sitzes darauf gemessen. Die Spannung $\sigma$ ist hierbei die Kraft, die im Innern eines durch äußere Kräfte belasteten Körpers je Flächeneinheit auftritt. Die Kontaktfläche $A$ zwischen Sitz und Kraftmessdose wird in diesem Fall als konstant angesetzt. Dies wird durch Entfernen der Attrappe und Drücken mit der Oberfläche der Kraftmessdose im mittleren Bereich der Sitzfläche erreicht. In diesem Fall ist die Reaktionskraft $F$ des Sitzes, welche durch die Kraftmessdose gemessen werden kann, proportional zur Spannung des Sitzes.

$$F = \sigma \cdot A \tag{6.2}$$

Die Kraftmessdose wird nun senkrecht zur Oberfläche des Sitzes nach unten in z-Richtung bewegt. An der Position $z = 0$ besteht gerade noch kein Kontakt zwischen Sitz und Kraftmessdose. Unter der Dehnung $\epsilon$ versteht man die Längenänderung eines auf Zug beanspruchten Körpers. Somit entspricht die Position $z$ hier der negativen Dehnung $-\epsilon$ des Sitzes:

$$z = -\epsilon \tag{6.3}$$

Der Messaufbau ist also so gewählt, dass die gemessene Kraft proportional zur Spannung und die Position proportional zur Dehnung ist.

Nun wird senkrecht zur Oberfläche in den Sitz hineingefahren und sowohl die Position der Kraftmessdose, als auch die Reaktionskraft des Sitzes gemessen. Abbildung 6.1 zeigt oben den Verlauf der gemessenen Position und unten den der gemessenen Kraft. Es werden zwei verschiedene Bahnen vorgegeben. $z_1(t)$ ist eine lineare Bewegung in z-Richtung mit sinusförmigem Positionsverlauf. Für die zweite, gestrichelt dargestellte Bahn $z_2(t)$ gilt folgende Beziehung:

$$z_2(t) = z_1(t) + z_1(t) = 2 \cdot z_1(t) \tag{6.4}$$

Wie man in Abbildung 6.1 oben gut erkennen kann, decken sich die gemessenen Positionen von $z_2(t)$ sehr gut mit dem gepunktet dargestellten Verlauf von $2 \cdot z_1(t)$. Im unteren Teil dieser Abbildung ist der Verlauf der Kraft $F_{z,1}(t)$, welcher beim Abfahren von Bahn $z_1(t)$ auftritt, durch eine durchgezogene Linie dargestellt. Der Kraftverlauf $F_{z,2}(t)$ der zweiten Bahn ist gestrichelt, während der gewünschte Kraftverlauf $2 \cdot F_{z,1}(t)$ gepunktet gezeichnet ist. Deutlich erkennbar ist, dass dieser nicht mit $F_{z,2}(t)$ übereinstimmt, womit die Nichtlinearität des Sitzes nachgewiesen ist.

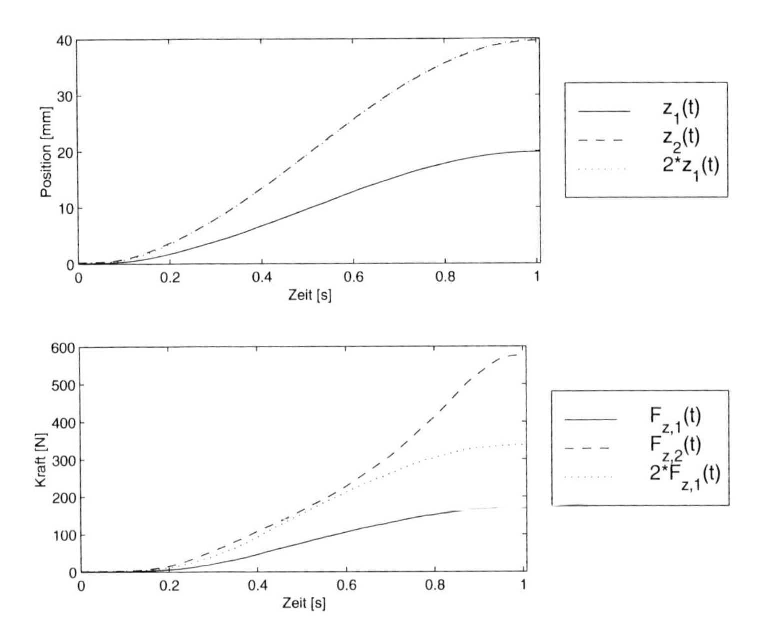


Abbildung 6.1: Verlauf der Position und der Reaktionskraft des Sitzes bei zwei verschiedenen Messungen.

## 6.2 Bestimmung eines Systemmodells

Nun soll versucht werden, durch viskoelastische Modelle das Spannungs-Dehnungs-Verhalten des Sitzes zu beschreiben. Der Messaufbau ist wie im vorherigen Abschnitt gewählt. Die Bewegung verläuft nun allerdings in drei Phasen. In der ersten Phase bewegt sich der Roboter mit konstanter Geschwindigkeit bis zu einer bestimmten Position $z_0$ in den Sitz. In Phase zwei wird diese Position einige Zeit gehalten und in Phase drei bewegt sich der Roboter wieder mit konstanter Geschwindigkeit aus dem Sitz. Abbildung 6.2 zeigt den zeitlichen Verlauf der Position und der gemessenen Kraft für diese Messung. Qualitativ lässt sich der Zusammenhang folgendermaßen beschreiben. In Phase 1 steigt die Position linear an, was zu einem nichtlinearen Ansteigen der Kraft führt. Bei konstanter Position in Phase 2 nimmt die Kraft exponentiell ab. Beim linearen Rückgang der Position erfolgt ein stärkerer exponentieller Abfall der Kraft. Sehr deutlich erkennbar ist in Phase 1 und auch in Phase 3, dass die Kraft nicht proportional zur Position ist.

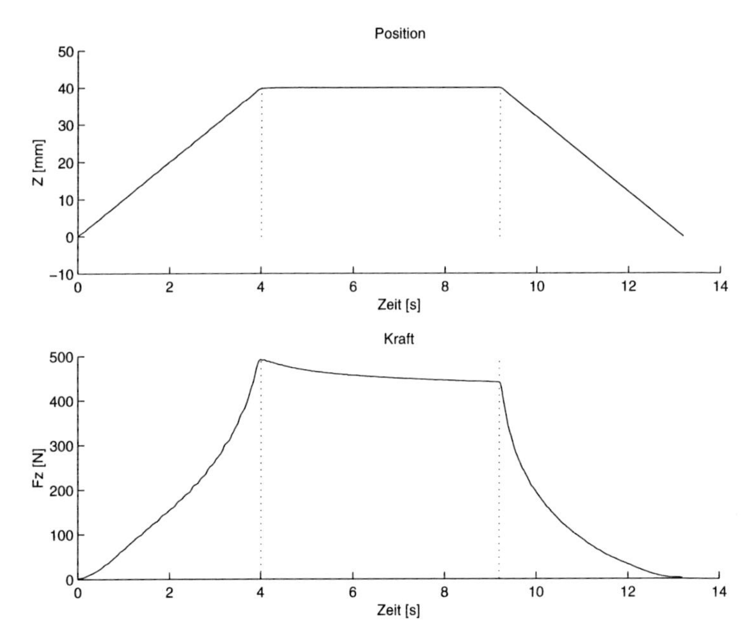


Abbildung 6.2: Zeitlicher Verlauf der Position und der Kraft.

Ein rein elastisches Modell repräsentiert eine ideale Feder (Abbildung 6.3(a)). Hierbei ist die Spannung gemäß Gleichung (6.5) proportional zur Dehnung und scheidet daher als Beschreibung aus.

$$\sigma_{el}(t) = M \cdot \epsilon_{el}(t) \text{ mit } M = const. \tag{6.5}$$

Ein idealer Dämpfer (Abbildung 6.3(b)) hat ein rein viskoses Verhalten. Er weist daher gemäß Gleichung (6.6) eine Proportionalität zwischen der Spannung und der Geschwindigkeit der Dehnung auf.

$$\sigma_{vis}(t) = \eta \cdot \dot{\epsilon}_{vis}(t) \text{ mit } \eta = const. \tag{6.6}$$

Da die Geschwindigkeit in Phase 1 und Phase 3 konstant ist, müsste dies zu einer konstanten Kraft führen. Dies ist aber eindeutig nicht der Fall, daher scheidet ein rein viskoses Modell ebenfalls aus.

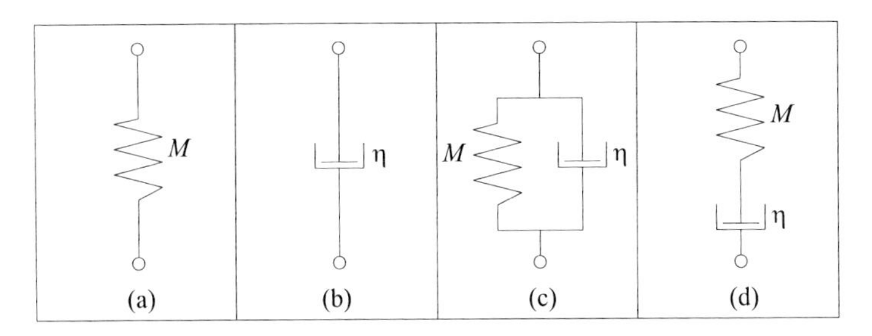


Abbildung 6.3: Modelle für Polymere. Rein elastisch (a), rein viskos (b), Voigt-Kelvin (c) und Maxwell (d).

Polymere werden meist mit viskoelastischen Modellen beschrieben. Diese bestehen aus einer Kombination von rein elastischen und rein viskosen Teilen, welche unterschiedlich angeordnet sind. Bei der Verwendung von jeweils einer Feder und einem Dämpfer gibt es zwei Möglichkeiten. Beim Voigt-Kelvin-Modell (Abbildung 6.3(c)) werden diese parallel geschalten, und man erhält als Beschreibung folgende Gleichung:

$$\sigma(t) = \eta \cdot \dot{\epsilon}(t) + M \cdot \epsilon(t) \tag{6.7}$$

Dieses Modell verlangt aber wiederum einen linearen Kraftverlauf in Phase 1 und Phase 3 und repräsentiert daher den Sitz nicht korrekt. Auch der in Abbildung 6.4 gezeigte exponentielle Abfall der Kraft in Phase 2 lässt sich hierdurch nicht erklären, da aus einer konstanten Dehnung eine konstante Kraft resultieren müsste.

Beim Maxwell-Modell sind ein elastisches und ein viskoses Element in Reihe geschaltet (Abbildung 6.3(d)). Hieraus ergibt sich folgender Zusammenhang

$$\sigma(t) = \eta \cdot \dot{\epsilon}(t) - \frac{\eta}{M} \cdot \dot{\sigma}(t) \tag{6.8}$$

Dieses Modell ist in der Lage, das exponentielle Abnehmen der Kraft in Phase 2 zu erklären. Bei konstanter Dehnung ist $\dot{\epsilon}(t) = 0$ und somit vereinfacht sich Gleichung (6.8) zu

$$\dot{\sigma}(t) + \frac{M}{\eta} \cdot \sigma(t) = 0 \tag{6.9}$$

Die Lösung dieser homogenen Differentialgleichung ist

$$\sigma_{hom}(t) = A \cdot \exp\left(-\frac{M}{\eta} t\right) \tag{6.10}$$

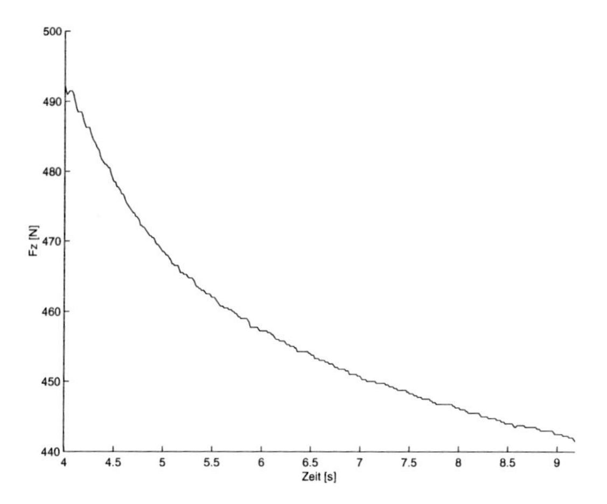


Abbildung 6.4: Exponentieller Abfall der Kraft bei konstanter Dehnung in Phase 2.

welches den Kraftverlauf in Phase 2 gut beschreibt. Setzt man die konstante Dehnungsgeschwindigkeit $\dot{\epsilon}(t) = k \cdot t$ aus Phase 1 und Phase 3 in Gleichung (6.8) ein, so erhält man

$$\dot{\sigma}(t) + \frac{M}{\eta} \cdot \sigma(t) = M \cdot k \cdot t \tag{6.11}$$

Der Ansatz zur Lösung dieser Gleichung ist

$$\sigma(t) = k_2 \cdot t \tag{6.12}$$

also wiederum ein lineares Verhalten, welches nicht den Messwerten entspricht.

Weitere Modellierungsmöglichkeiten ergeben sich aus der Kombination von den bisher besprochenen Modellen. Diese Erlauben aber nur die Modellierung eines der beiden folgenden Fälle:

**Relaxation:** eine konstante Dehnung wird vorgegeben und der Verlauf der Spannung gemessen.

**Retardation:** eine konstante Spannung wird vorgegeben und der Verlauf der Dehnung gemessen.

Bei einer Sitzprüfung treten diese Fälle aber immer gemischt auf und können daher nicht getrennt betrachtet werden. Für einen Einsatz in einem modellbasierten Regler sind sie daher nicht geeignet.

Alle bisher eingesetzten Modelle gehen von einem homogenen und einfachen System aus. Die genaue Modellierung des Sitzes durch physikalische Modelle scheitert daher an mehreren Faktoren. Der erste Punkt ist die Inhomogenität des Sitzes. Abhängig von der Stelle an der die Belastung aufgebracht wird, ist ein stark unterschiedliches Verhalten erzielbar, so sind beispielsweise die Seitenpolster wesentlich härter als die Sitzfläche. Dies würde zu vielen verschiedenen Modellen führen, zwischen denen, in Abhängigkeit von der relativen Position auf dem Sitz hin- und hergeschalten werden müsste. Der zweite Faktor ist die Größe der Kontaktfläche. Diese wird bei allen Modellen als konstant angesehen, was bei der Verwendung des Dummys beim Prüfvorgang nicht der Fall ist. Sie kann während des Prüfungsverlaufs nicht gemessen und somit nicht bei der Modellierung verwendet werden. Der dritte Punkt betrifft unterschiedliche Sitztypen. Diese weichen von ihrem inneren Aufbau her sehr stark voneinander ab, was nicht nur zu unterschiedlichen Modellparametern, sondern zu komplett unterschiedlichen Modellen führen würde. Dies würde bedeuten, dass für jeden Sitz erst ein Modell bestimmt und parametrisiert werden müsste, nur um als Grundlage für die Kraftregelung zu dienen.

Auf dem Gebiet der Finiten Elemente gibt es einige Untersuchungen um bessere Modellierungen zu erhalten. In [30] wird der Versuch unternommen, die auftretenden Spannungen zwischen einem Sitz und einem menschlichen Körper mit diesem Verfahren zu bestimmen. Der Sitz wird durch Hyperelastizität, einem viskoelastischen Modell unter der Bedingung einer quasi statischen Belastung, modelliert. Es ist daher nicht geeignet um das dynamische Verhalten vorherzusagen. Insgesamt führen die Methoden der finiten Elemente zu sehr rechenaufwändigen Modellen. Deren Erstellung ist aufgrund der Anpassung der Parameter und des Modells an die unterschiedlichen Sitztypen schwierig, allerdings kann deren stark unterschiedlicher innerer Aufbau nur so sinnvoll modelliert werden.

Ein ausreichend genaues Modell des Sitzes ist daher nicht bestimmbar und kann somit nicht als Grundlage für die Kraftregelung eingesetzt werden. Auf dieses Problem wird später noch genauer eingegangen. Zunächst folgt eine Untersuchung bekannter Kraftregelungsverfahren um eine mögliche Lösung für dieses Problem zu finden.

## 6.3 Kraftregelungsverfahren

Die grundlegenden Variablen bei der Roboterkraftregelung sind Position, Geschwindigkeit, Beschleunigung und Kraft. Diese können, in Abhängigkeit von der Aufgabenstellung unterschiedlich korreliert sein [92]. Die Unterschiede der Verfahren resultieren aus der unterschiedlichen Verwendung dieser Variablen und ihrer Zusammenhänge. Es können vier grundlegende Verfahren identifiziert werden.

1. Benutzung eines Zusammenhangs zwischen Position und Kraft: Steifigkeitsregelung

2. Benutzung eines Zusammenhangs zwischen Geschwindigkeit und Kraft: Impedanz- oder Admittanzregelung

3. Direkte Anwendung von Kraft und Position: hybride Regelung

4. Direkte Rückkopplung der Kraft: explizite Kraftregelung

Weiterhin gibt es noch fortgeschrittenere Verfahren. Diese werden zur Lösung von Problemen wie unbekannte Parameter, unstrukturierte Umgebungen und externe Störungen verwendet. Basierend auf den grundlegenden Verfahren werden Erweiterungen vorgeschlagen, welche in zwei Kategorien eingeordnet werden können.

1. Adaptive Regelung

2. Lernende Regelung

Nachfolgend werden folgende Bezeichnungen verwendet. **J** ist die Jakobi-Matrix des Roboters. $\vec{\vec{P}}_{soll}$, $\vec{\vec{P}}_{ist}$ und $\dot{\vec{\vec{P}}}_{ist}$ die Sollposition, die Istposition und die Istgeschwindigkeit im Arbeitsraum. $\Delta\vec{\vec{P}}$ ist der Positionsfehler, $\Delta\vec{\theta}$ der Verschiebungsvektor der Gelenkwinkel und $\vec{\tau}_p$ der Momentensollwert der Gelenke.

### 6.3.1 Steifigkeitsregelung

Bei der Steifigkeitsregelung wird von elastischem Kontakt mit der Umgebung ausgegangen. Hieraus ergibt sich ein proportionaler Zusammenhang zwischen Position und Kraft, die so genannten Steifigkeit. Es kann zwischen passiver und aktiver Steifigkeit unterschieden werden. Ein Federsystem wird bei passiver Steifigkeitsregelung verwendet, während das aktive Verfahren als programmierbare Feder betrachtet werden kann, da durch die Rückkopplung der

Kraft die Steifigkeit des geschlossenen Systems verändert wird. Unterscheidungsmerkmale sind die Art der Rückkopplung und die Angabe der Steifigkeit. Es gibt Verfahren mit Positionsrückkopplung [71] oder Kraftrückkopplung [81]. Die Steifigkeit wird im Gelenkwinkelraum oder im Arbeitsraum [71] angegeben. Im ersten Fall berechnet sich der Momentensollwert $\vec{\tau}_p$ für die Gelenke mit Hilfe der Gelenksteifigkeitsmatrix $\mathbf{K}_g$ aus

$$\vec{\tau}_p = \mathbf{K}_g \Delta \vec{\theta} \tag{6.13}$$

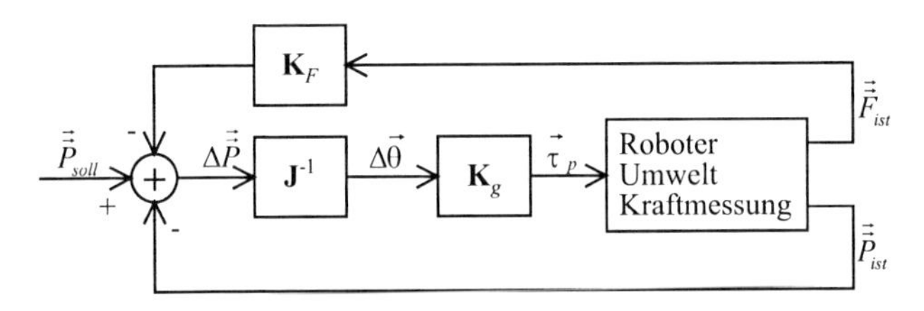


Abbildung 6.5: Steifigkeitsregler im Gelenkwinkelraum.

Abbildung 6.5 zeigt den Regelkreis. Hierbei ist der Roboter inklusive Lageregelung, Kraftmessung und seiner Umwelt zur Vereinfachung gemeinsam dargestellt.

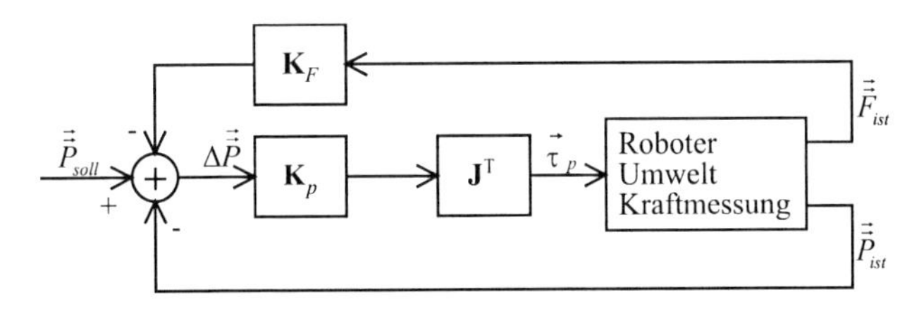


Abbildung 6.6: Steifigkeitsregler im Arbeitsraum.

Abbildung 6.6 zeigt den Fall der Regelung im Arbeitsraum, bei der die Berechnung mit Hilfe der im Arbeitsraum angegebenen Steifigkeitsmatrix $\mathbf{K}_p$ folgendermaßen aussieht:

$$\vec{\tau}_p = \mathbf{J}^T \mathbf{K}_p \Delta \vec{P} \tag{6.14}$$

Aus der Beziehung $\Delta\vec{\vec{P}} = \mathbf{J}\Delta\vec{\theta}$ ergibt sich folgender Zusammenhang zwischen den beiden Steifigkeitsmatrizen mit dessen Hilfe die beiden Formen leicht ineinander überführt werden können:

$$\mathbf{K}_g = \mathbf{J}^T\mathbf{K}_p\mathbf{J} \tag{6.15}$$

Die grundlegende Voraussetzung der Steifigkeitsregelung, der proportionale Zusammenhang zwischen Kraft und Position, führt in dem hier vorliegenden Fall zu Problemen. Das nichtlineare viskoelastische Verhalten des Sitzes verhindert daher den Einsatz des Reglers.

### 6.3.2 Impedanzregelung

Bei der Impedanzregelung wird der Zusammenhang zwischen Geschwindigkeit $\dot{X}$ und ausgeübter Kraft $F$, die so genannte mechanische Impedanz $I$, geregelt [46]. Dieser Zusammenhang lässt sich im eindimensionalen Fall folgendermaßen darstellen:

$$I = \frac{F}{\dot{X}} \tag{6.16}$$

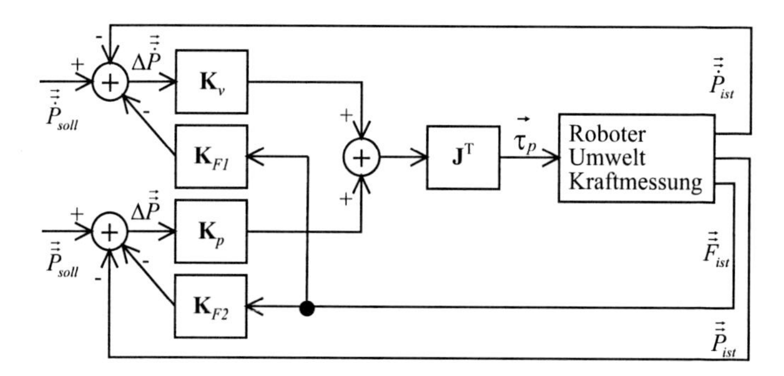


Abbildung 6.7: Impedanzregler.

Diese Regelung wird im Arbeitsraum durchgeführt und ist, wie in Abbildung 6.7 gezeigt, definiert durch

$$\vec{\tau}_p = \mathbf{J}^T\left(\mathbf{K}_p\Delta\vec{\vec{P}} + \mathbf{K}_v\Delta\dot{\vec{\vec{P}}}\right) \tag{6.17}$$

Der Regler weist im Vergleich zum Steifigkeitsregler einen weiteren Regelkreis zur Einbeziehung des Zusammenhangs zwischen Geschwindigkeit und Kraft auf. Somit kann er als PD-Regler angesehen werden, welcher die gemessene Kraft zur Modifikation der Position und Geschwindigkeit verwendet.

Es gibt eine Vielzahl von Impedanzreglern in der Literatur [26] [34] [50] [58]. Diese unterscheiden sich, abhängig von der Messung und Verwendung der Signale Geschwindigkeit, Position und Kraft leicht voneinander.

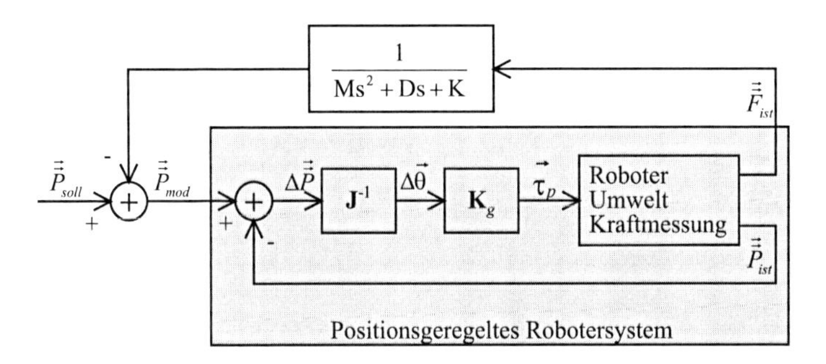


Abbildung 6.8: Positionsbasierte Impedanzregelung eines positionsgeregelten Roboters.

Eine alternative Betrachtungsweise der Impedanzregelung ist die Modifikation der Sollposition. Diese modifizierte Sollposition $\vec{P}_{mod}$ ist als Lösung der folgenden Differentialgleichung definiert.

$$\mathbf{M}\ddot{\vec{P}}_{mod} + \mathbf{D}\dot{\vec{P}}_{mod} + \mathbf{K}\vec{P}_{mod} = -\vec{F}_{ist} + \mathbf{M}\ddot{\vec{P}}_{soll} + \mathbf{D}\dot{\vec{P}}_{soll} + \mathbf{K}\vec{P}_{soll} \quad (6.18)$$

Die Matrizen $\mathbf{M}$, $\mathbf{D}$ und $\mathbf{K}$ repräsentieren hierbei die gewünschten Trägheits-, Dämpfungs- und Steifigkeitswerte. Dies kann, wie in Abbildung 6.8 gezeigt, zur Kraftregelung bei einem positionsgeregelten Roboter verwendet werden.

Die Impedanzregelung berücksichtigt also einen komplexeren Zusammenhang zwischen Kraft und Position als die Steifigkeitsregelung. Hierdurch ist die Regelung von massebehafteten Feder-Dämpfer-Systemen möglich. Den Kern bildet aber immer noch die Regelung der Position, während die gewünschte Kraft indirekt über die Modifikation der Sollposition erreicht wird. Das viskoelastische Modell des Sitzes ist allerdings auch für diesen Regler zu komplex, um gute Ergebnisse zu erzielen.

### 6.3.3 Admittanzregelung

Die mechanische Admittanz $A$ [81] [72] entspricht der inversen Impedanz und ist im eindimensionalen Fall definiert als

$$A = \frac{\dot{X}}{F} \tag{6.19}$$

Die Admittanzmatrix bildet somit bei der Regelung den Vektor der Differenz zwischen Soll- und Istkraft auf einen Geschwindigkeitsänderungsvektor ab. Wie schon bei der Impedanzregelung lässt sich eine modifizierte Bahn ermitteln. Dies geschieht hier allerdings durch Integration:

$$\vec{\vec{P}}_{mod} = \vec{\vec{P}}_{soll} - \int \mathbf{A} \left( \vec{\vec{F}}_{soll} - \vec{\vec{F}}_{ist} \right) dt \tag{6.20}$$

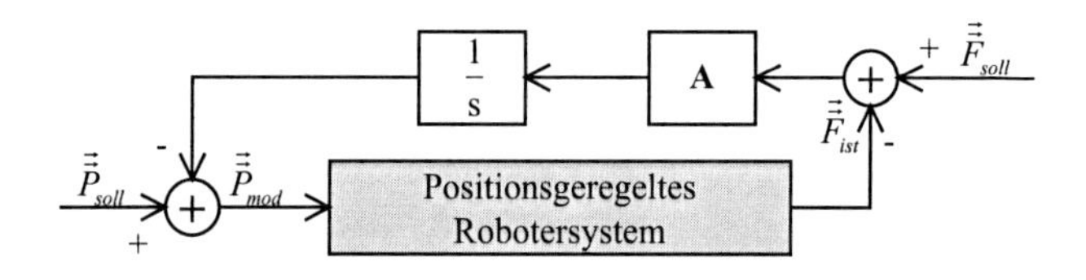


Abbildung 6.9: Admittanzregler eines positionsgeregelten Robotersystems.

Bei der Admittanzregelung ist also im Vergleich zur Impedanzregelung der Fokus mehr auf der Regelung der Sollkraft als auf der Sollposition. Abbildung 6.9 veranschaulicht dies. Der Regler basiert wiederum auf einem positionsgeregelten Robotersystem und ist, wie schon der Impedanzregler, dazu in der Lage massebehaftete Feder-Dämpfer-Systeme zu regeln. Er hat daher ähnliche Einschränkungen bei der Regelung des Sitzprüfsystems wie der Impedanzregler.

### 6.3.4 Hybride Regelung

Das ursprüngliche Verfahren geht auf Raibert und Craig zurück, welche einen Regler im Arbeitsraum mit zwei unabhängig entworfenen Reglern vorgestellt haben [70]. Eine hybride Regelung besteht aus einer Kombination von unabhängigen Positions- und Kraftreglern. Abbildung 6.10 zeigt den prinzipiellen Aufbau. Es werden zwei komplementäre orthogonale Räume für die Kraft- bzw. die Positionsregelung definiert [37] [50] [54] [70]. Eine Selektionsmatrix $\mathbf{S} = diag(s_i)$ mit $j = 1, \ldots, n$ legt die positionsgeregelten Unterräume durch Setzen von $s_i = 1$ und die kraftgeregelten Unterräume durch Setzen von $s_i = 0$ fest. Der Momentensollwert der Gelenke $\vec{\tau}$ berechnet sich bei diesem Verfahren aus der Summe der Stellwerte $\vec{\tau}_f$ und $\vec{\tau}_p$ aus den Kraft- bzw. Positionsreglern.

$$\vec{\tau} = \vec{\tau}_p + \vec{\tau}_f \tag{6.21}$$

Der große Vorteil dieser Vorgehensweise besteht darin, dass die Positions- und die Kraftregler unabhängig voneinander entworfen und somit einzeln optimiert werden können, was zu einer besseren Qualität der einzelnen Regler führt.

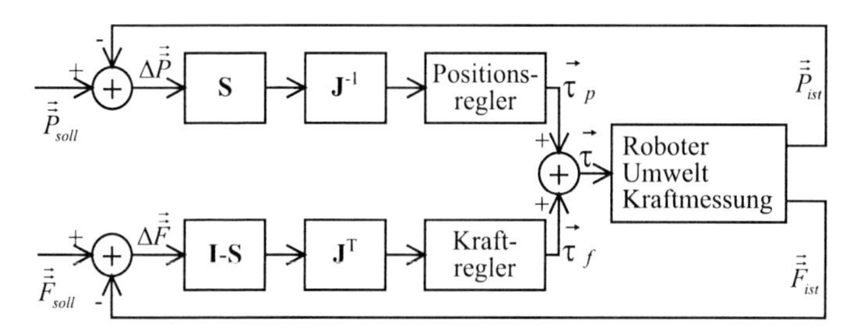


Abbildung 6.10: Hybrider Kraft- und Positionsregler.

Die hybride Impedanzregelung wurde von Anderson und Spong vorgestellt [6] und ist eine Kombination von Impedanzregelung und hybrider Kraft-/Positionsregelung. Es wird jeweils eine Impedanz für den positionsgeregelten- und für den kraftgeregelten Unterraum verwendet. Die modifizierte Bahn setzt sich aus der Summe der modifizierten Positions- und Kraftbahn zusammen [66].

$$\vec{\vec{P}}_{mod} = \vec{\vec{P}}_{p,mod} + \vec{\vec{P}}_{f,mod} \tag{6.22}$$

Unterschiedliche Veröffentlichungen beschäftigen sich mit Überlegungen bezüglich der Aufteilung des Arbeitsraums. Während hierfür in [43] die Prinzipien Invarianz und Konsistenz vorgeschlagen werden, gibt es in [47] geometrische und analytische Untersuchungen zu diesem Thema.

Hybride Regler haben vor allem beim Übergang von der Positionsregelung ohne Umgebungskontakt in die Kraftregelung beim Umgebungskontakt Probleme, da der Regler hierbei instabil werden kann. Dies ist hier natürlich nicht erwünscht, da bei den Sitzprüfungen Teile der Bewegung ohne Umgebungskontakt positionsgeregelt durchgeführt werden müssen, während beim

Kontakt mit dem Sitz die Kraftregelung aktiviert werden muss. Trotzdem ist die Unterscheidung zwischen kraft- und positionsgeregelten Dimensionen im Arbeitsraum auch hier prinzipiell sinnvoll.

### 6.3.5 Explizite Kraftregelung

Bei der kraftbasierten expliziten Kraftregelung [79] wird die gemessene Kraft direkt als Rückkopplung zur Bildung des Kraftfehlervektors verwendet.

$$\Delta\vec{\vec{F}} = \vec{\vec{F}}_{soll} - \vec{\vec{F}}_{ist} \tag{6.23}$$

Dieser Fehlervektor dient als Eingangswert des Kraftreglers, der normalerweise als PID-Regler realisiert wird. Die Reglerausgangsgröße wird mit Hilfe der transponierten Jakobimatrix in einen Stellwert für die Gelenke umgewandelt. Abbildung 6.11 veranschaulicht diesen Zusammenhang.

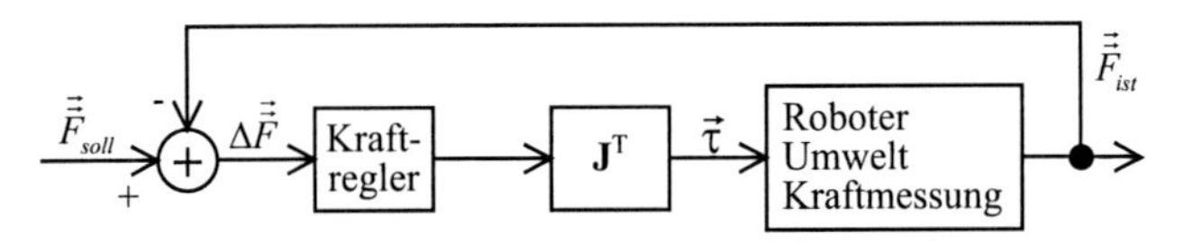


Abbildung 6.11: Expliziter Kraftregler.

Dieser Regler beeinflusst die Momentensollwerte der Gelenke direkt und erlaubt daher keine Positionsregelung. Er ist in seinem Einsatzbereich daher sehr stark eingeschränkt und für das hier vorliegende System nicht geeignet.

### 6.3.6 Adaptive Kraftregelung

Basierend auf den grundlegenden Regelungsverfahren wird eine Anpassungsstrategie verwendet, um die gewünschten Eigenschaften wie beispielsweise Steifigkeit, Impedanz, Admittanz, etc. auch bei unbekannten Parametern beim Modell des Roboters oder der Umgebung beizubehalten. Es gibt zwei Klassen von adaptiven Strategien. Zum einen die der indirekten Verfahren, bei denen die unbekannten Parameter explizit geschätzt werden. Das Ziel ist die Reduzierung der Parameterfehler. Hierzu ist allerdings ein genaues Wissen über die Struktur des Roboters und seiner Umgebung notwendig, was normalerweise, wie auch in dem hier vorleigenden Fall nicht vorhanden ist. Dies umgehen die direkten Verfahren, welche ein Schema verwenden um die Stellwerte direkt anzupassen. Das Ziel ist hier, die Fehler der Regelung im Laufe der Zeit auf Null zu korrigieren. Existierende adaptive Kraftregelungsverfahren sind daher indirekt adaptive (IA) Kraftregelung [33] [32], IA explizite Kraftregelung [28], IA Impedanzregelung [28], direkt adaptive (DA) Kraftregelung [72], DA Impedanzregelung [31] [51] und DA Kraft-/Positionsregelung [86] [88] [87] [91].

### 6.3.7 Lernende Kraftregelung

Lernende Regelungsverfahren wurden in [9], [29] und [33] unabhängig voneinander vorgestellt. In diesen Arbeiten wird das Verfahren zur Erhöhung der Bahngenauigkeit von Roboterarmen verwendet. Prinzipiell ist dieser Ansatz aber immer dann einsetzbar wenn mehrmals dieselbe Aufgabe ausgeführt wird. Konventionelle Regelungsverfahren setzen voraus, dass der Regelungsfehler in Richtung Null konvergiert, wenn die Zeit in Richtung Unendlich geht. Wird die Aufgabe allerdings kurz und wiederholt ausgeführt, dann ist ein lernender Ansatz besser. Ziel ist es hier, bei einem dynamischen System mit Eingabe $u$ und Ausgabe $y$ die gewünschte Ausgabe $y_{soll}$ innerhalb eines Zeitintervalls $[0, T]$ zu erhalten. Nach jedem Versuch $l$ wird hierzu die Eingabe $u_l$ und der Ausgabefehler $\Delta y_l = y_l - y_{soll}$ dazu verwendet um für den nächsten Versuch $l + 1$ eine Eingabe $u_{l+1}$ zu ermitteln, welche zu einer Ausgabe $y_{l+1}$ führt, die der gewünschten Ausgabe $y_{soll}$ besser entspricht. Die Problemstellung bei der iterativen lernenden Regelung ist somit eine rekursive Form des Lernverfahrens $u_{l+1} = F(u_l, \Delta y_l)$ zu finden, mit deren Hilfe der Ausgabefehler $\Delta y_l$ für $l \to \infty$ gegen Null geht. Abbildung 6.12 veranschaulicht diesen Zusammenhang.

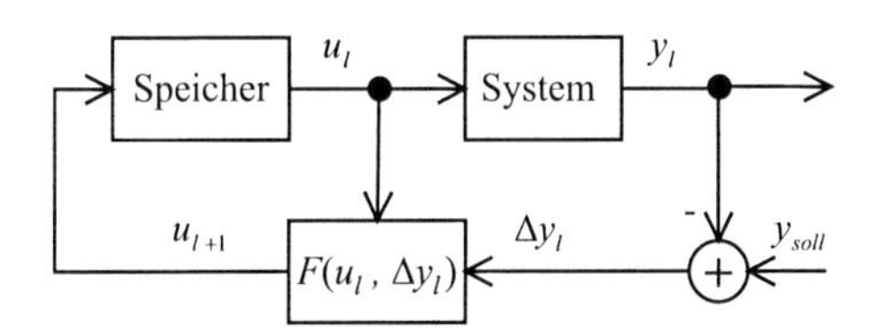


Abbildung 6.12: Grundschema eines lernenden Reglers.

Es werden verschiedene Typen von Lernverfahren wie proportional (P), proportional-differential (PD) und proportional-integral (PI) mit folgenden

Gleichungen verwendet:

$$u_{l+1}(t) = u_l(t) - \Phi\Delta y_l(t) \tag{6.24}$$

$$u_{l+1}(t) = u_l(t) - \left(\Gamma\frac{d\Delta y_l(t)}{dt} + \Phi\Delta y_l(t)\right) \tag{6.25}$$

$$u_{l+1}(t) = u_l(t) - \left(\Psi\int\Delta y_l(t)dt + \Phi\Delta y_l(t)\right) \tag{6.26}$$

Das Regelungsverfahren ist aber nicht nur zur Verbesserung der Bahngenauigkeit, sondern auch für die Kraftregelung sehr gut verwendbar. In [64] wird es erfolgreich für eine lernende eindimensionale Impedanzregelung bei Umgebungskontakt mit einem deformierbaren Material eingesetzt. In [10] wird ein Lernverfahren für einen Manipulator mit geometrisch beschränktem Endpunkt vorgestellt. Erlernt wird der richtige Verlauf der Gelenkgeschwindigkeit unter Nullkraft mit Hilfe der Geschwindigkeits- und Kraftfehler. Das Verfahren wird theoretisch hergeleitet und an einem simulierten dreiachsigen Manipulator getestet. Das Verfahren in [4] benutzt Beschleunigung, Geschwindigkeit, Position und Kraftfehler im Arbeitsraum für die Lernrückkopplung. Der Algorithmus ist konvergent, wenn hohe Verstärkungsfaktoren bei der Rückführung der Positions- und Kraftfehler benutzt werden. Das Verfahren in [10] und seine Erweiterung in [62] verwendet Geschwindigkeitsfehler im Gelenkraum und Kraftfehler zum Lernen. Das Verfahren in [62] basiert auf dem Vorhandensein von PD-Rückkopplung für jedes Gelenk und verwendet ebenfalls den Geschwindigkeitsfehler im Gelenkwinkelraum zum Lernen. Weitere Anwendungsbeispiele gibt es für hybride Kraft-/Positionsregelung in [53] und [52].

Viele Veröffentlichungen beschäftigen sich auch mit theoretischen Untersuchungen. Arimoto et al. zeigten die Robustheit eines P-Lernverfahrens [11] und eines PI-Lernverfahren [8] mit einem „forgetting factor“ unter gewissen Randbedingungen. In [22] wird die Wichtigkeit eines hohen Verstärkungsfaktors beim P-Lernverfahren bewiesen. Ein Lernverfahren für die Verbesserung einer hybriden Kraftregelung wird in [53] hergeleitet.

Insgesamt sind schon viele Ergebnisse auf diesem Gebiet verfügbar. Allerdings sind diese meist theoretischer Natur und Ergebnisse sind nur für Simulationen verfügbar. Es gibt zwar einige Beispiele für den realen Einsatz, allerdings nur für zwei oder drei Freiheitsgrade. Trotzdem scheint dieses Verfahren für den hier vorliegenden Fall sehr geeignet zu sein. Bevor mit der weiteren Untersuchung fortgefahren wird, folgt zunächst noch ein Abschnitt über die zur Kraftregelung notwendige Messung der Kräfte und Momente.

## 6.4 Kraftmessung

Zur Messung der Kräfte und Momente wird, wie schon in Kapitel 3 beschrieben, eine sechsdimensionale Kraftmessdose verwendet. Sie ist zwischen dem Flansch des Roboters und der Attrappe angebracht und liefert den Kraftvektor ${}^{\mathrm{S}}\vec{F}_{m\langle\mathrm{S}\rangle}$ und den Momentenvektor ${}^{\mathrm{S}}\vec{M}_{m\langle\mathrm{S}\rangle}$ mit ihren Komponenten $F_{m,x}$, $F_{m,y}$ und $F_{m,z}$ bzw. $M_{m,x}$, $M_{m,y}$ und $M_{m,z}$ entlang der drei Hauptachsen des Sensorkoordinatensystems $\mathbf{K}_S$. Diese gemessene erweiterte Kraft ${}^{\mathrm{S}}\vec{\vec{F}}_{m\langle\mathrm{S}\rangle} = \left[{}^{\mathrm{S}}\vec{F}^{\,T}_{m\langle\mathrm{S}\rangle}, {}^{\mathrm{S}}\vec{M}^{\,T}_{m\langle\mathrm{S}\rangle}\right]^T$ wird durch Einzelkräfte verursacht. So kann man zunächst zwischen inneren ${}^{\mathrm{S}}\vec{\vec{F}}_{i\langle\mathrm{S}\rangle}$ und äußeren Kräften ${}^{\mathrm{S}}\vec{\vec{F}}_{a\langle\mathrm{S}\rangle}$ unterscheiden. Abbildung 6.13 veranschaulicht dies an Hand der Kräfte. Im Sensorkoordinatensystem $\mathbf{K}_S$ wird die Kraft ${}^{\mathrm{S}}\vec{\vec{F}}_{m\langle\mathrm{S}\rangle}$ gemessen. Diese resultiert aus der inneren Kraft ${}^{\mathrm{E}}\vec{\vec{F}}_{i\langle\mathrm{E}\rangle}$ und der äußeren Kraft ${}^{\mathrm{K}}\vec{\vec{F}}_{a\langle\mathrm{K}\rangle}$. Die innere Kraft wird durch die Masse des Endeffektors (freier Teil des Sensors und Attrappe) verursacht und greift am Effektorschwerpunkt E an. Die äußere Kraft resultiert aus dem Kontakt mit der Umgebung (Sitz) und greift in dieser Darstellung vereinfacht im Kontaktpunkt K an. Interessant für die Kraftregelung ist nur die äußere Kraft, da sie ein Maß für die Belastung des Sitzes ist. Die innere Kraft ist bei der Messung unerwünscht und muss kompensiert werden. Zunächst folgen jedoch noch einige grundlegende Transformationen von Kräften und Momenten.

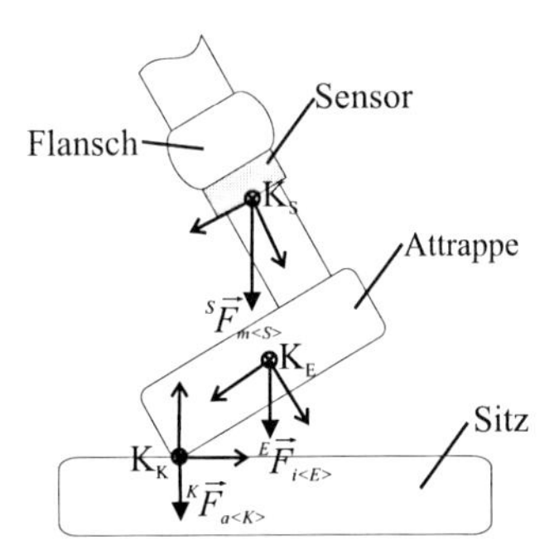


Abbildung 6.13: Innere und äußere Kräfte in ihren jeweiligen Koordinatensystemen.

### 6.4.1 Verlagerung des Messzentrums

Für die Messung der Kräfte und Momente auf der Attrappe ist ein Koordinatensystem $\mathbf{K}_V$, welches unbeweglich bezüglich des Sensorkoordinatensystems $\mathbf{K}_S$ ist, frei wählbar. Hiermit kann die Kraft in diesem virtuellen Koordinatensystem ermittelt werden, genauso als ob sich dort das Messzentrum eines virtuellen Sensors befinden würde. Diese Transformation entspricht einer Änderung des Bezugskoordinatensystems, also einer Änderung des Ursprungs. Bei einer Verschiebung der an einem Körper angreifenden Drehmomente ändert sich weder die Kräfte- noch die Momentenbilanz. Bei der Verschiebung einer Kraft bleibt dagegen nur die Kräftebilanz unverändert, in die Momentenbilanz gehen die Kraft und die Hebelarmänderung ein.

$$
\begin{aligned}
{}^{\mathrm{S}}\vec{F}_{\langle \mathrm{V} \rangle} &= {}^{\mathrm{S}}\vec{F}_{\langle \mathrm{S} \rangle} && (6.27)\\
{}^{\mathrm{S}}\vec{M}_{\langle \mathrm{V} \rangle} &= {}^{\mathrm{S}}\vec{M}_{\langle \mathrm{S} \rangle} - \left( {}^{\mathrm{S}}_{\mathrm{V}}\vec{v} \times {}^{\mathrm{S}}\vec{F}_{\langle \mathrm{S} \rangle} \right) && (6.28)
\end{aligned}
$$

Die Koordinatensysteme des Sensors und des virtuellen Messzentrums sind im Flanschkoordinatensystem definiert. Somit berechnet sich der Verlagerungsvektor aus:

$$
{}^{\mathrm{S}}_{\mathrm{V}}\vec{v} = {}^{\mathrm{S}}_{\mathrm{F}}\mathbf{R} \left( {}^{\mathrm{F}}_{\mathrm{V}}\vec{v} - {}^{\mathrm{F}}_{\mathrm{S}}\vec{v} \right) \qquad (6.29)
$$

### 6.4.2 Drehtransformation

Um die in einem Koordinatensystem A bezüglich dem Koordinatensystem B angegebenen Kräfte und Momente in ein anderes Koordinatensystem B zu transformieren, ist eine rotatorische Transformation notwendig welche lediglich das Darstellungskoordinatensystem ändert.

$$
\begin{aligned}
{}^{\mathrm{C}}\vec{F}_{\langle \mathrm{B} \rangle} &= {}^{\mathrm{C}}_{\mathrm{A}}\mathbf{R}\, {}^{\mathrm{A}}\vec{F}_{\langle \mathrm{B} \rangle} && (6.30)\\
{}^{\mathrm{C}}\vec{M}_{\langle \mathrm{B} \rangle} &= {}^{\mathrm{C}}_{\mathrm{A}}\mathbf{R}\, {}^{\mathrm{A}}\vec{M}_{\langle \mathrm{B} \rangle} && (6.31)
\end{aligned}
$$

### 6.4.3 Einheitentransformation

Die wohl einfachste Umwandlung von Kräften und Momenten ist die Umrechnung in eine andere Einheit. Der Sensor ist auf eine bestimmte Einheit kalibriert und liefert seine Werte beispielsweise in N bzw. Nm. Werden andere Ausgabeeinheiten gefordert, ist die Umrechnung über entsprechende Faktoren realisiert.

### 6.4.4 Kompensation von inneren Kräften und Momenten

Bei den inneren Kräften kann zwischen statischen (ohne Bewegung) und dynamischen (bei Bewegung) unterschieden werden. Hier wird die realisierte Kompensation der statischen Kräfte beschrieben.

Die statische Kraft wird durch das Effektorgewicht verursacht und ändert sich bei Änderung der Orientierung. Deshalb muss mit Hilfe der Eigengewichtsparameter (Effektorgewicht, Effektorschwerpunkt und Korrekturoffsets) und der Orientierung die statische Kraft berechnet und kompensiert werden. Zur Bestimmung der äußeren Kraft ${}^{\mathrm{S}}\vec{F}_{a\langle\mathrm{S}\rangle}$ wird von der gemessenen Kraft ${}^{\mathrm{S}}\vec{F}_{m\langle\mathrm{S}\rangle}$ die Gewichtskraft des Endeffektors ${}^{\mathrm{S}}\vec{F}_{G\langle\mathrm{S}\rangle}$ abgezogen. Die Gewichtskraft ist im raumfesten Fußkoordinatensystem $\mathbf{K}_0$ des Roboters konstant, und lässt sich in diesem durch Multiplikation des Gewichts $\mathrm{G}_E$ mit dem Einheitsvektor ${}^{0}\vec{e}_V$ der vertikalen Richtung bestimmen:

$$ {}^{0}\vec{F}_{G\langle 0\rangle} = \mathrm{G}_E\,{}^{0}\vec{e}_V \tag{6.32} $$

Die Transformation in das Sensorkoordinatensystem $\mathbf{K}_S$ erfolgt durch den Übergang zwischen den Darstellungskoordinatensystemen mit Hilfe der Drehmatrix ${}^{\mathrm{S}}_{0}\mathbf{R}$. Der Übergang zwischen den Bezugskoordinatensystemen, also die Messzentrumsverlagerung hat, wie oben schon erwähnt, keine Auswirkung auf die Kräfte.

$$ {}^{\mathrm{S}}\vec{F}_{G\langle\mathrm{S}\rangle} = {}^{\mathrm{S}}_{0}\mathbf{R}\,{}^{0}\vec{F}_{G\langle 0\rangle} \tag{6.33} $$

Man erhält somit folgende Gleichung zur Bestimmung der äußeren Kraft:

$$ {}^{\mathrm{S}}\vec{F}_{a\langle\mathrm{S}\rangle} = {}^{\mathrm{S}}\vec{F}_{m\langle\mathrm{S}\rangle} - {}^{\mathrm{S}}\vec{F}_{G\langle\mathrm{S}\rangle} \tag{6.34} $$

In Abbildung 6.14 ist kein Umgebungskontakt vorhanden, es wirkt also keine äußere Kraft. In diesem Fall entspricht die gemessene Kraft gerade der statischen Kraft. Im linken Teil der Abbildung ist der Schwerpunkt des Effektors genau unter dem Ursprung des Sensorkoordinatensystems, während dies im rechten Teil nicht der Fall ist. In beiden Fällen ändert sich die gemessene Kraft ${}^{\mathrm{S}}\vec{F}_{m\langle\mathrm{S}\rangle}$ nicht und ist gleich der Gewichtskraft des Endeffektors ${}^{\mathrm{S}}\vec{F}_{G\langle\mathrm{S}\rangle}$. Bei der Berechnung des Drehmoments spielt die Orientierung allerdings eine große Rolle. Das gemessene Drehmoment ${}^{\mathrm{S}}\vec{M}_{m\langle\mathrm{S}\rangle}$ ist im ersten Fall gleich Null, während im zweiten Fall ein zusätzliches Drehmoment registriert wird. Dies wird durch Einwirkung der Gewichtskraft am Hebel ${}^{\mathrm{S}}_{\mathrm{E}}\vec{v} = {}^{\mathrm{S}}\vec{v}_{E\langle\mathrm{S}\rangle} - {}^{\mathrm{S}}\vec{v}_{S\langle\mathrm{S}\rangle}$ zwischen dem Ursprung des Sensorkoordinatensystems und dem Schwerpunkt des Effektors verursacht.

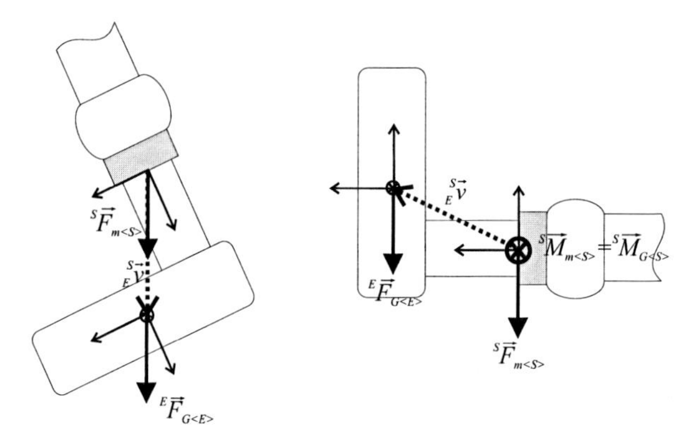


Abbildung 6.14: Durch das Eigengewicht verursachte statischen Kräfte. Links ist der Hebel zwischen Ursprung des Sensorkoordinatensystems und Schwerpunkt parallel zur Schwerkraft. Deshalb wirkt kein zusätzliches Drehmoment auf den Sensor. Rechts verursacht dieser Hebel und die darauf wirkende Kraft ${}^{\mathrm{E}}\vec{F}_{G\langle \mathrm{E}\rangle}$ ein zusätzliches, hier senkrecht in die Bildebene hineingehendes und durch den Kreis mit Kreuz dargestelltes Drehmoment ${}^{\mathrm{S}}\vec{M}_{G\langle \mathrm{S}\rangle}$.

Für die Berechnung der äußeren Momente wird dieses zusätzliche Moment von dem gemessenen Moment abgezogen:

$$ {}^{\mathrm{S}}\vec{M}_{a\langle \mathrm{S}\rangle} = {}^{\mathrm{S}}\vec{M}_{m\langle \mathrm{S}\rangle} - {}^{\mathrm{S}}_{\mathrm{E}}\vec{v} \times {}^{\mathrm{S}}\vec{F}_{G\langle \mathrm{E}\rangle} \tag{6.35} $$

Die Koordinatensysteme des Sensors und des Effektorschwerpunkts sind im Flanschkoordinatensystem definiert. Somit berechnet sich der Vektor des Hebels aus:

$$ {}^{\mathrm{S}}_{\mathrm{E}}\vec{v} = {}^{\mathrm{S}}_{\mathrm{F}}\mathbf{R}\left({}^{\mathrm{F}}_{\mathrm{E}}\vec{v} - {}^{\mathrm{F}}_{\mathrm{S}}\vec{v}\right) \tag{6.36} $$

## 6.4.5 Bestimmung der Eigengewichtsparameter

Bei der Bestimmung der Eigengewichtsparameter wird das in [59] vorgestellte Verfahren eingesetzt und daher nur kurz vorgestellt. Die Bestimmung der Parameter erfolgt ohne Umgebungskontakt, also ohne Einwirkung äußerer Kräfte (${}^{\mathrm{S}}\vec{F}_{a\langle \mathrm{S}\rangle} = 0$). In Ergänzung zu den Gleichungen (6.34) und (6.35) wird noch ein Korrekturoffset ${}^{\mathrm{S}}\vec{F}_{o\langle \mathrm{S}\rangle}$ zur Kompensation des konstanten, von der Kraftmessdose gemessenen Offsets hinzugefügt. Dies führt zu folgender

Darstellung.

$$ {}^{\mathrm{S}}\vec{F}_{m\langle \mathrm{S}\rangle} = {}^{\mathrm{S}}\vec{F}_{o\langle \mathrm{S}\rangle} + {}^{\mathrm{S}}\vec{F}_{G\langle \mathrm{S}\rangle} \quad (6.37) $$

$$ {}^{\mathrm{S}}\vec{M}_{m\langle \mathrm{S}\rangle} = {}^{\mathrm{S}}\vec{M}_{o\langle \mathrm{S}\rangle} + {}^{\mathrm{S}}_{\mathrm{E}}\vec{v} \times {}^{\mathrm{S}}\vec{F}_{G\langle \mathrm{E}\rangle} \quad (6.38) $$

Formt man diese Gleichungen nun noch so um, dass das Effektorgewicht $\mathrm{G}_E$ explizit erscheint, so kann man die zu bestimmenden Eigengewichtsparameter Effektorgewicht $\mathrm{G}_E$, Richtungsvektor zum Schwerpunkt ${}^{\mathrm{S}}_{\mathrm{E}}\vec{v}$ und die beiden Offsetvektoren ${}^{\mathrm{S}}\vec{F}_{o\langle \mathrm{S}\rangle}$ und ${}^{\mathrm{S}}\vec{M}_{o\langle \mathrm{S}\rangle}$ deutlich erkennen:

$$ {}^{\mathrm{S}}\vec{F}_{m\langle \mathrm{S}\rangle} = {}^{\mathrm{S}}\vec{F}_{o\langle \mathrm{S}\rangle} + \mathrm{G}_E {}^{\mathrm{S}}\vec{e}_V \quad (6.39) $$

$$ {}^{\mathrm{S}}\vec{M}_{m\langle \mathrm{S}\rangle} = {}^{\mathrm{S}}\vec{M}_{o\langle \mathrm{S}\rangle} + \mathrm{G}_E \left({}^{\mathrm{S}}_{\mathrm{E}}\vec{v} \times {}^{\mathrm{S}}\vec{e}_V\right) \quad (6.40) $$

Insgesamt sind also zehn skalare Unbekannte zu bestimmen. Durch die Verwendung von drei Messpunkten erhält man eine Überbestimmung und kann Fehlerminimierungsverfahren einsetzen um möglichst gute Schätzlösungen zu erhalten. Die genaue Vorgehensweise ist in [59] ausführlich dargestellt und wird hier nicht wiederholt.

## 6.5 Realisiertes Kraftregelungsverfahren

Bei dem hier eingesetzten Robotersystem kann die Stellung $\vec{\theta}_m(t_p)$ der Gelenke in jedem Interpolationstakt $t_p$ ermittelt werden. Hieraus lässt sich mit Hilfe der Direkten Kinematik die Istposition ${}^{\mathrm{K}}\vec{\vec{P}}_{m\langle \mathrm{K}\rangle}$ in verschiedenen Koordinatensystemen $\mathbf{K}$ bestimmen. Sinnvoll ist hier meist das Basiskoordinatensystem $\mathbf{K}_B$ welches frei im Raum definiert werden kann und üblicherweise im Sitz liegt.

Mit Hilfe der sechsdimensionalen Kraftmessdose am Flansch des Roboters werden die Kräfte und Momente gemessen. Durch die oben vorgestellten Verfahren lassen sich unterschiedliche Kraftvektoren ermitteln. Zum einen kann zwischen offsetkompensierten und eigengewichtskompensierten Kräften unterschieden werden. Erstere können immer dann eingesetzt werden, wenn sich die Orientierung des Endeffektors im Prüfungsverlauf nicht ändert, andernfalls müssen letztere verwendet werden. Im Folgenden wird nicht mehr explizit zwischen beiden unterschieden, da immer jeweils das passende Kompensationsverfahren verwendet wird. Die für die Kraftregelung benutzte äußere Kraft $\vec{\vec{F}}_a$ wird von nun an als Istwert $\vec{\vec{F}}_{ist}$ bezeichnet.

Die Kräfte können in unterschiedliche Koordinatensysteme transformiert werden. Wichtige Vertreter sind hierbei die Kraft ${}^{\mathrm{S}}\vec{\vec{F}}_{ist\langle \mathrm{S}\rangle}$ im Sensorkoordinatensystem und die Kraft ${}^{\mathrm{V}}\vec{\vec{F}}_{ist\langle \mathrm{V}\rangle}$ im virtuellen Messkoordinatensystem $\mathbf{K}_V$

auf der Attrappe. Da die kartesische Position des Roboters im Basiskoordinatensystem $\mathbf{K}_B$ angegeben wird, ist für die Kraftregelung vor allem die Transformation in dieses Koordinatensystem wichtig, da sich bei Verwendung eines einheitlichen Koordinatensystems der Zusammenhang zwischen Kraft und Position erheblich vereinfacht. Hierzu werden die beiden Kräfte ${}^{\mathrm{B}}\vec{\vec{F}}_{ist\langle \mathrm{S}\rangle}$ und ${}^{\mathrm{B}}\vec{\vec{F}}_{ist\langle \mathrm{V}\rangle}$ verwendet. Zu Beachten ist hierbei, dass die Koordinatenachsen zwar durch das Basiskoordinatensystem definiert sind, die Position des Ursprungs, dargestellt durch das Bezugskoordinatensystem in spitzen Klammern rechts unten, allerdings nicht verändert wird. Dies ist für Kräfte unbedeutend, hat bei Momenten aber die Wirkung, dass die Drehachse immer durch diesen Ursprung hindurch geht und somit noch auf der Attrappe liegt. Im Folgenden wird auf die explizite Darstellung der Koordinatensysteme bei den Kräften verzichtet und nur noch $\vec{\vec{F}}$ für ${}^{\mathrm{B}}\vec{\vec{F}}_{\langle \mathrm{S}\rangle}$ bzw. ${}^{\mathrm{B}}\vec{\vec{F}}_{\langle \mathrm{S}\rangle}$ geschrieben. Auch bei den Positionen wird im Folgenden auf die explizite Darstellung der Koordinatensysteme verzichtet. Alle Positionsangaben beziehen sich, sofern nicht anders dargestellt, auf das Basiskoordinatensystem: $\vec{\vec{P}} := {}^{\mathrm{B}}\vec{\vec{P}}_{\langle \mathrm{B}\rangle}$.

Weitere Größen wie beispielsweise die Momente in den Robotergelenken können hier nicht gemessen werden. Ebenso ist eine Messung der Geschwindigkeiten nicht möglich, insofern müssen diese bei Bedarf durch Differentiation berechnet werden.

Als Eingabeschnittstelle bietet die Robotersteuerung nur eine Schnittstelle zur Vorgabe der Gelenksollwerte $\vec{\theta}_{soll}$ an. Abbildung 6.15 zeigt die Schnittstellen des Systems.

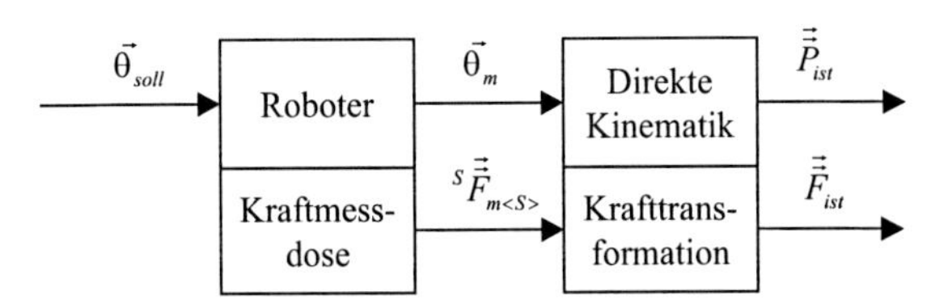


Abbildung 6.15: Schnittstellen des Robotersystems.

Als Solldaten stehen Positionen $\vec{\vec{P}}_{soll,j}(t_j)$ im Arbeitsraum zur Verfügung, welche zu einem bestimmten Zeitpunkt $t_j$ angefahren werden müssen. Zwischen diesen Punkten wird je nach Prüfverfahren sinusförmig im Arbeitsraum oder splineförmig im Gelenkwinkelraum interpoliert. Zusätzlich können an den einzelnen Positionen Sollkräfte $\vec{\vec{F}}_{soll,j}$ vorgegeben sein, während zwischen ihnen keine Sollkraftinformation vorhanden ist. Die Aufgabe ist nun, die einzelnen Positionen zu den richtigen Zeitpunkten anzufahren, und dort die gewünschte Sollkraft aufzubringen. Die Genauigkeit der Kraft ist hierbei vorrangig, da sie der entscheidendere Faktor bei der Belastung des Sitzes ist.

Wie weiter oben schon gezeigt worden ist, handelt es sich bei dem Sitz um ein nichtlineares System mit sehr schwer bestimmbaren Parametern. Dies erschwert die Aufstellung eines Kraftregelungsverfahrens erheblich, da kein genaues Modell des Systems bestimmt werden kann. Die grundlegenden Kraftregelungsverfahren benötigen ein möglichst genaues Systemmodell und beschränken sich daher meist auf harten Umgebungskontakt oder vereinfachen das Systemverhalten durch Linearisierung. Für das hochdynamische Verhalten des Sitzes ist dieser Ansatz aber nicht praktikabel. Andererseits sind die einzelnen Prüfzyklen vergleichsweise kurz (wenige Minuten) und werden sehr häufig (mehrere tausend Mal) wiederholt. Wie oben schon erwähnt bietet sich hier die Verwendung einer lernenden Regelung an, was nun im Folgenden genauer untersucht werden soll.

Betrachten wir zunächst den einfachen Fall einer eindimensionalen Sinusschwingung, welche zwischen zwei Sollkräften oszillieren soll. Gegeben sind also eine Position $\vec{\vec{P}}_{soll,1}(t_1)$ mit Kraft $\vec{\vec{F}}_{soll,1}(t_1)$ und eine Position $\vec{\vec{P}}_{soll,2}(t_2)$ mit Kraft $\vec{\vec{F}}_{soll,2}(t_2)$. Hierbei sind nur die Kräfte $F_{soll,1,z}(t_1)$ und $F_{soll,2,z}(t_2)$ in einer Dimension, hier in z-Richtung vorgegeben. In allen anderen Dimensionen wird eine konstante Position gehalten:

$$P_{soll,i}(t) = P_{soll,1,i}(t_1) = P_{soll,2,i}(t_2) \text{ für } i \neq z \tag{6.41}$$

Zur Erreichung der gewünschten Kräfte an den Positionen unter Beibehaltung der sinusförmigen Bewegung wird eine lernende Regelung verwendet. Als Eingangsgröße $\vec{u}_l(t)$ fungiert hier die vom Interpolator in Prüfzyklus $l$ generierte Sollbahn

$$\vec{u}_l(t) := \vec{\vec{P}}_{soll,l}(t) = \begin{bmatrix} P_{soll,l,x} \\ P_{soll,l,y} \\ P_{soll,l,z}(t) \\ P_{soll,l,a} \\ P_{soll,l,b} \\ P_{soll,l,c} \end{bmatrix} \tag{6.42}$$

Diese hat in der z-Richtung einen sinusförmigen Verlauf welcher zwischen den beiden Positionen $P_{soll,1,z}(t_1)$ und $P_{soll,2,z}(t_2)$ oszilliert, in allen anderen sind die Werte konstant. Die genaue Vorgehensweise bei der Generierung dieser Bahn wurde schon in Kapitel 5.2 vorgestellt.

Die gewünschte Ausgabe $\vec{y}_{soll}$ ist diskret und in diesem Fall nur an den beiden Zeitpunkten $t_1$ und $t_2$ durch die Sollkraft in z-Richtung vorgegeben.

In allen anderen Dimensionen ist der Wert nicht festgelegt.

$$y_{soll}(t_j) := F_{soll,j,z}(t_j) \tag{6.43}$$

Die Kraft wird auch zu diesen beiden Zeitpunkten gemessen und man erhält damit in jedem Prüfzyklus die gemessene Ausgaben $\vec{y}_l(t_j)$

$$\vec{y}_l(t_j) := \vec{\vec{F}}_{ist,l}(t_j) \tag{6.44}$$

Es wird ein diskretes proportionales Lernverfahren zur Korrektur der Positionen an den beiden Zeitpunkten verwendet:

$$\vec{u}_{soll,l+1}(t_j) = \vec{u}_{soll,l}(t_j) - \mathbf{M}\left(\vec{y}_l(t_j) - \vec{y}_{soll}(t_j)\right) \tag{6.45}$$

Bei der Korrekturmatrix $\mathbf{M}$ ist nur der Faktor $m_{z,z}$ ungleich Null, alle anderen Elemente der Matrix sind Null. Dies führt dazu, dass nur in z-Richtung korrigiert wird.

Abbildung 6.16 zeigt den Verlauf des Lernens über mehrere Zyklen. Oben ist die Sollposition und unten die gemessene Kraft in z-Richtung dargestellt. Die senkrechten Linien markieren jeweils den Beginn eines neuen Prüfzyklus während die waagrechten Linien im unteren Teil die beiden Sollkräfte markieren. Durch Sterne sind im oberen Teil die Sollpositionen und im unteren Teil die an diesen Stellen gemessenen Kräfte der kraftgeregelten Punkte markiert. Wie man sehr schön erkennen kann, weichen die gemessenen Kräfte zu Beginn deutlich von den Sollkräften ab, um nach wenigen Prüfzyklen die korrekten Werte zu erreichen und auch beizubehalten. Die hierfür benötigte Anzahl von ca. 30 Zyklen ist extrem klein im Vergleich zu der Gesamtzahl von mehreren Tausend und spielt daher keine große Rolle.

Abbildung 6.17 zeigt eine schematische Darstellung des im Rahmen dieser Arbeit entwickelten lernenden Reglers. Rechts ist das Grundsystem zu erkennen. Es arbeitet im Interpolationstakt des Roboters von 12 ms. Die Lageregelung des Roboters erhält als Eingabe die Sollgelenkstellung $\vec{\theta}_{soll}$ von der Bewegungsgenerierung und regelt diese aus. Mit Hilfe der Kraftmessdose kann die Kraft ${}^{S}\vec{\vec{F}}_{m\langle S\rangle}$ gemessen werden, welche durch die Krafttransformation in $\vec{\vec{F}}_{ist}$ umgewandelt wird. Diese Daten werden über die durchgezogenen Linien in jedem Interpolationstakt übertragen.

Der links dargestellte Lernregelkreis arbeitet ebenfalls diskret, allerdings nicht unbedingt mit einem festen Takt. Jeder Verarbeitungsschritt wird vielmehr durch die Zeiten $t_j$ der kraftgeregelten Positionen getaktet und führt folgende Aktionen durch. Die Bewegungsgenerierung erhält die aktuelle Sollposition $\vec{\vec{P}}_{soll,j,l}$ und die nächste Sollposition $\vec{\vec{P}}_{soll,j+1,l}$. Hieraus generiert sie

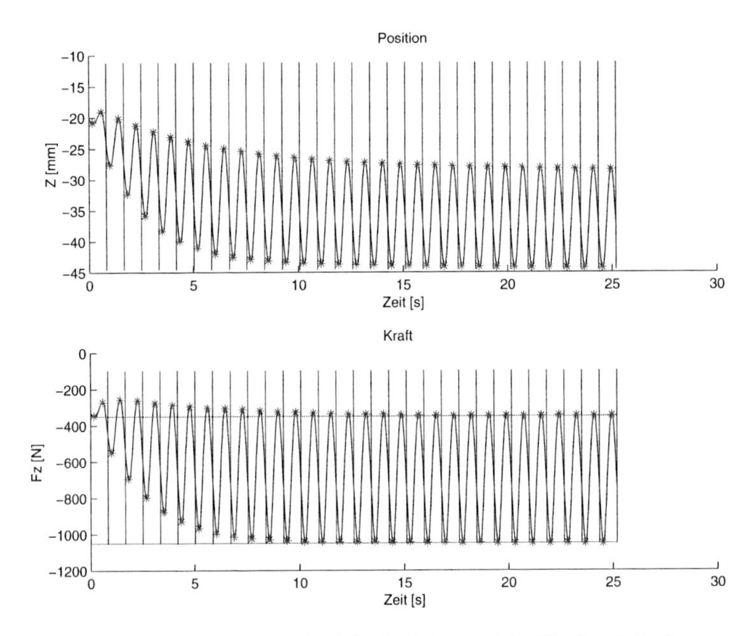


Abbildung 6.16: Zeitlicher Verlauf der Position und der Kraft bei der lernenden Regelung über mehrere Zyklen.

bis zum Erreichen der Zeit $t_{j+1}$ die interpolierte Bahn und gibt in jedem Interpolationstakt neue Sollgelenkwerte an den Roboter weiter. Gleichzeitig gibt der Abtaster die Istkraft als $\vec{\vec{F}}_{ist,j}$ weiter. Diese wird mit des Sollkraft $\vec{\vec{F}}_{soll,j}$ von Punkt $j$ verglichen. Die so bestimmte Differenz $\Delta\vec{\vec{F}}_{j,l}$ wird mit der Proportionalitätsmatrix $\mathbf{M}$ multipliziert und durch Addition zur Sollposition des aktuellen Prüfzyklus $l$ die Sollposition $\vec{\vec{P}}_{soll,j,l+1}$ für den nächsten Prüfzyklus bestimmt und im Speicher abgelegt. So wird für alle Punkte verfahren bis der komplette Prüfzyklus ausgeführt ist und alle korrigierten Sollpositionen für den nächsten Prüfzyklus $l+1$ bestimmt sind, in welchem das ganze Verfahren wieder von vorn beginnt. Zusammenfassend handelt es sich um ein diskretes P-Lernverfahren mit nicht unbedingt äquidistanten Zeitpunkten zur Erlernung der Positionen, welche den gewünschten Sollkräften entsprechen.

Das Verfahren lässt sich natürlich auch auf kompliziertere Fälle über-

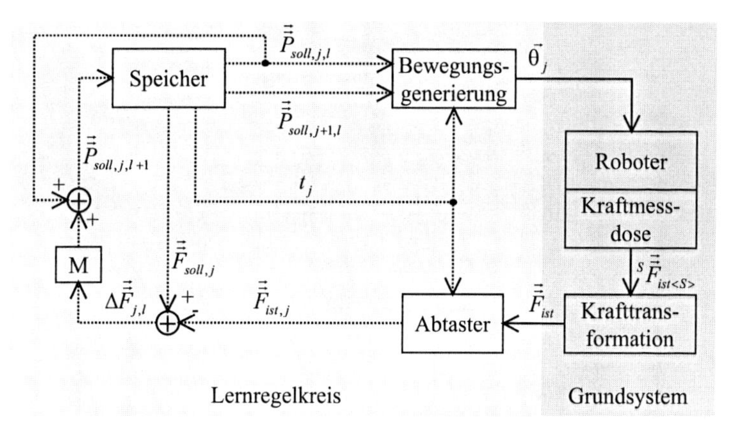


Abbildung 6.17: Schematische Darstellung des lernenden Reglers.

tragen. Abbildung 6.18 zeigt den Verlauf von Kraft und Position bei der „Jounce-and-Squirm"-Prüfung [18]. Bei dieser Prüfung wird eine positionsgeregelte waagrechte Rotation auf dem Sitz und gleichzeitig eine höherfrequente kraftgeregelte vertikale Oszillation ausgeführt. Dies führt dazu, dass die kraftgeregelten Punkte jeweils unterschiedliche Orientierungen der Attrappe auf dem Sitz aufweisen. Daher ergeben sich, wie im ersten Prüfzyklus zu erkennen ist, unterschiedliche Kräfte in z-Richtung bei gleicher z-Position. Die lernende Regelung ermittelt aber die korrigierten Positionen individuell und regelt damit alle Positionen auf die korrekten Sollkräfte aus. Dies führt, wie im letzten dargestellten Prüfzyklus ersichtlich, zu unterschiedlichen z-Positionen der einzelnen Punkte.

Das Regelungsverfahren wird auch bei den freien Bewegungen erfolgreich eingesetzt. Abbildung 6.19 zeigt dies am Beispiel der „Ingress-Egress-Seat"-Prüfung. Die Sollbahn und die Sollkräfte wurden hierfür, wie in Kapitel 4 beschrieben, aus realen Belastungen ermittelt. Diese Prüfung ist damit durch zeitindizierte Punkte mit Kräften in z-Richtung spezifiziert. Da die einzelnen Punkte unterschiedliche Sollkräfte haben, ist deren Darstellung abweichend von der bei der sinusförmigen Prüfung. Sie werden wie die Istkräfte durch Sterne markiert und deren Differenz zueinander durch senkrechte Linien zwischen den Markierungen dargestellt. Deutlich erkennbar ist, dass diese Differenzen sehr schnell kleiner werden, bis sie schließlich kaum noch vorhanden sind. Eine quantitative Analyse der hier nur qualitativ dargestellten Ergeb-

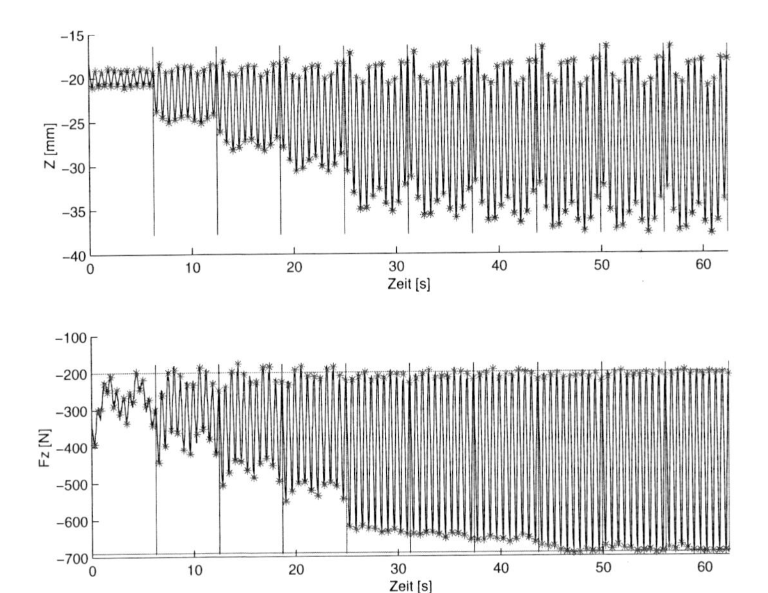


Abbildung 6.18: Zeitlicher Verlauf der Position und der Kraft bei der lernenden Regelung über zehn Zyklen der „Jounce-and-Squirm"-Prüfung.

nisse folgt in Kapitel 7.

Offensichtlich ist das Verfahren problemlos in der Lage, auch große Fehler in der Kraft auszuregeln. Es hängt also nicht, wie andere Verfahren von der Wahl des richtigen Arbeitspunktes ab. Der Lernregelkreis ist so lange stabil, wie die Werte in der Korrekturmatrix $\mathbf{M}$ nicht zu groß sind. Werden diese größer als die minimale Steifigkeit des Sitzes gewählt, so kann das System im Schwingung geraten. Allerdings können die Werte der Matrix sehr klein gewählt werden, was lediglich die Lernphase zu Beginn verlängert. Die Veränderungen aufgrund der Abnutzung des Sitzes während der Prüfung sind so klein, dass sie auch mit kleinen Korrekturwerten diese problemlos ausgeregelt werden können. Das Verfahren ist also ideal für das hier eingesetzte System.

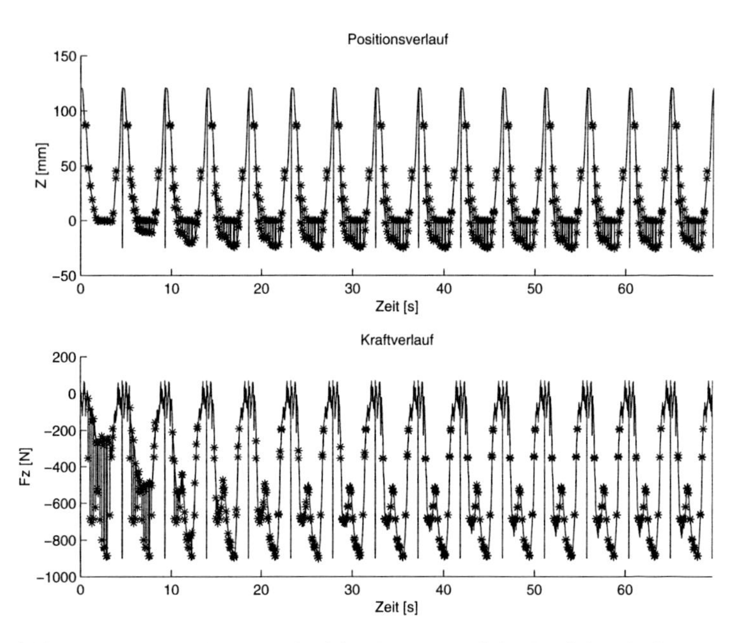


Abbildung 6.19: Zeitlicher Verlauf der Position und der Kraft bei der lernenden Regelung über fünfzehn Zyklen der „Ingress-Egress-Seat"-Prüfung.

## 6.6 Zusammenfassung

In diesem Kapitel wurde zunächst eine Untersuchung des zu regelnden Systems angestellt. Diese hatte zum Ergebnis, dass es sich hierbei um ein nichtlineares System handelt, dessen Modell und Parameter nicht mit ausreichender Genauigkeit bestimmt werden können. Anschließend folgte eine Übersicht über verschiedene Kraftregelungsverfahren. Untersucht wurden grundlegende Verfahren wie Steifigkeits-, Impedanz-, Admittanz-, hybride Kraft-/Positions- und explizite Kraftregelung. Weiterhin wurden fortgeschrittene Verfahren wie adaptive und lernende Regler analysiert. Die anschließende Darstellung der realisierten Kraftmessung zeigte die unterschiedlichen Transformations- und Kompensationsmöglichkeiten. Hervorzuheben ist hier vor allem die Kompensation der statischen Kräfte der Attrappe und die Umrechnung in virtuelle Koordinatensysteme auf der Attrappe. Daran anschließend folgte die Darstellung des im Rahmen dieser Arbeit entwickelten Regelungsverfahrens. Es handelt sich hierbei um ein diskretes P-Lernverfahren mit nicht unbedingt äquidistanten Zeitpunkten zum Erlernen der Positionen welche der gewünschten Sollkraft entsprechen. Dieses Verfahren entspricht ideal den Randbedingungen und ist in der Lage, trotz unbekanntem Systemmodell, die Bahn so zu verändern, dass die korrekten Kräfte aufgebracht werden. Anhand der Ergebnisse von unterschiedlichen Prüfungen wurde die effiziente Wirkungsweise gezeigt.

# Kapitel 7

# Ergebnisse

In diesem Kapitel werden Untersuchungen bezüglich der Genauigkeit vorgenommen. Hierbei wird, beginnend mit der Datengewinnung bis hin zur Ausführung der Prüfungen, untersucht, wie groß die Abweichungen zwischen Prüfung und Realität sind. Diese werden bezüglich der Bahn und des Kraftverlaufs analysiert. Vorab ist hier noch anzumerken, dass die, in dieser Arbeit verwendeten Daten nur von einer Person stammen. Zur Erreichung einer bessern Allgemeingültigkeit ist es daher notwendig, Daten von ganzen Personengruppen zu sammeln. Diese müssen schließlich gruppiert und aufbereitet werden, um repräsentative Beanspruchungsfunktionen zu bestimmen, welche unter Umständen zu mehreren, personengruppenspezifischen Prüfspezifikationen führen. Dies fällt aber nicht mehr in den Bereich dieser Arbeit und ist zukünftigen Erweiterungen vorbehalten.

## 7.1 Bahndaten

Die Bahndaten werden mit Hilfe des Motion Capturing Systems gewonnen. Hierbei entstehen Fehler, welche durch das Messsystem und die Anbringung der Marker verursacht werden. Weiterhin werden durch die vereinfachenden Annahmen bei der Aufbereitung der Bahnen Fehler gemacht. Auch bei der Ausführung durch das Prüfsystem kommt es zu weiteren Abweichungen. Auf diese Punkte wird im Folgenden eingegangen.

### 7.1.1 Genauigkeit bei der Aufnahme der Bahndaten

Das verwendete Kamerasystem hat, laut Hersteller, eine Genauigkeit von ca. ein bis drei Zentimetern. Allerdings resultieren zusätzliche Fehler aus der teilweisen Verdeckung von Markern, was zu falschen Ergebnissen bei der

Bestimmung des Mittelpunktes führt. Weiterhin können die Marker auf dem Körper verrutschen, wodurch deren Position ebenfalls nicht mehr korrekt ist.

Selbst wenn dies nicht passiert, können, bedingt durch die Anbringung der Marker, weitere Fehler entstehen. Betrachtet man beispielsweise die Markierung an der rechten Hüfte und die am unteren Teil des Brustbeins, so ändert sich deren Abstand, wie in Abbildung 7.1 gezeigt, bei der Bewegung. Der

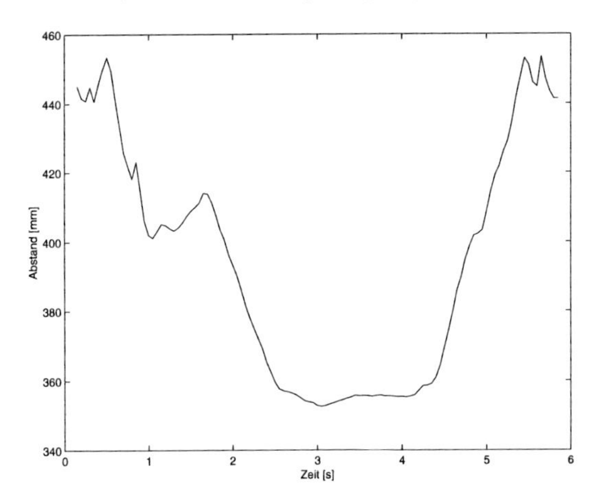


Abbildung 7.1: Abstand zwischen der Markierung an der rechten Hüfte und der unteren Markierung am Brustbein.

Abstand ändert sich in diesem Beispiel um mehr als 10 cm, was nicht nur auf die oben genannten Ursachen zurückzuführen ist. Vielmehr resultiert ein Teil des Fehlers aus der Tatsache, dass die Markierung an der Hüfte nicht mit dem Knochen verbunden, sondern lediglich auf der Haut fixiert ist. Hieraus kann es sich ergeben, dass sich der Hüftmarker bei Bewegungen des Oberkörpers nicht korrekt mitbewegt, was zu einem größeren Positionsfehler führt. Insgesamt führen all diese Effekte, die Messfehler des Kamerasystems, die teilweisen Verdeckungen der Marker und die unzureichende Fixierung der Marker zu Messfehlern, welche im Bereich weniger Zentimeter liegen.

### 7.1.2 Genauigkeit der Bahnaufbereitung

Die Attrappe des Prüfsystems ist starr, was eine starke Einschränkung des Systems darstellt. Dies führt dazu, dass beide Oberschenkel und der Oberkörper nicht unabhängig voneinander bewegt werden können. Daher können die gewonnenen Daten nicht direkt verwendet werden, sondern müssen entsprechend modifiziert werden, damit sie dieser Einschränkung genügen.

Geht man nun davon aus, dass die Oberschenkel unbeweglich sind, so kann man alle Markierungen der Hüfte und der Knie durch eine Ebene approximieren. Durch die Einschränkung, dass die Oberschenkel sich somit nicht unabhängig voneinander bewegen können, resultiert ein Fehler. Abbildung 7.2 zeigt den dadurch verursachten Fehler bei der „Ingress-Egress-Seat"-Prüfung. Dargestellt ist der mittlere und maximale Abstand der Oberschenkelmarkierungen zur zeitabhängigen approximierten Ebene der Oberschenkel. Man kann deutlich erkennen, dass die Abstände stark schwanken. Während der Bewegungsphase am Anfang und am Ende treten große Fehler auf, da die Oberschenkel nicht parallel sind. Während der Sitzphase ist der mittlere Fehler deutlich geringer. Allerdings zeigt der immer noch große maximale Fehler, dass noch mindestens ein Punkt nicht gut approximiert wird, da die Oberschenkel in der Realität nicht genau parallel sind. Durch die Verwendung einer starren Attrappe wird also ein Fehler gemacht, der nur durch die Verwendung einer beweglichen verhindert werden kann.

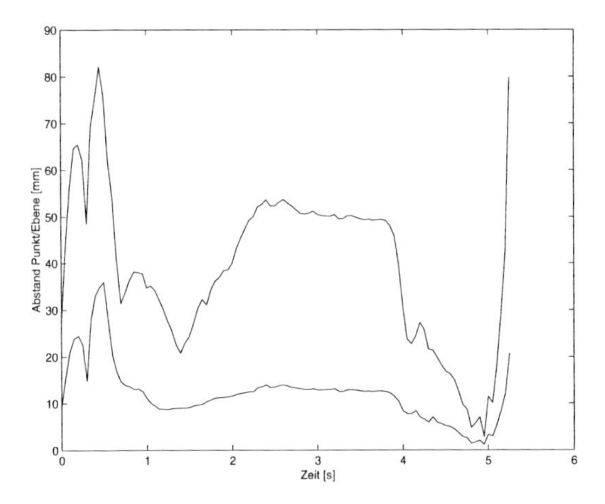


Abbildung 7.2: Mittlerer und maximaler Abstand der Oberschenkelmarker zur zeitabhängigen approximierten Ebene der Oberschenkel bei der „Ingress-Egress-Seat"-Prüfung.

Das Rückenteil der Attrappe ist ebenfalls starr, während dies auf den

Rücken des Menschen nicht zutrifft. Insofern erhält man, wie schon bei den Oberschenkeln, aufgrund der Approximation durch eine Ebene, einen Fehler. Abbildung 7.3 zeigt den minimalen, mittleren und maximalen Abstand aller sechs Markierungen zur approximierten Ebene des Rückens für alle Zeitpunkte. Erkennbar ist hier, dass der Fehler deutlich kleiner als bei den Oberschenkeln ist. Dies liegt vor allem daran, dass der Rücken des Menschen nicht so beweglich ist, wie die Oberschenkel. Durch die Verwendung eines starren Rückenteils wird daher ein geringerer Fehler gemacht als bei der Verwendung eines starren Oberschenkelteils.

Eine weitere Einschränkung ist, dass das Rückenteil nicht getrennt vom Oberschenkelteil bewegt werden kann. Als Lösungsmöglichkeit wurde daher in Kapitel 4 vorgeschlagen, zwei getrennte Prüfungen, einen für das Sitzkissen und einen für die Rückenlehne, zu verwenden. Dies erlaubt das sequentielle Prüfen beider Teile des Sitzes indem die nicht verwendeten Teile des Dummys entfernt werden.

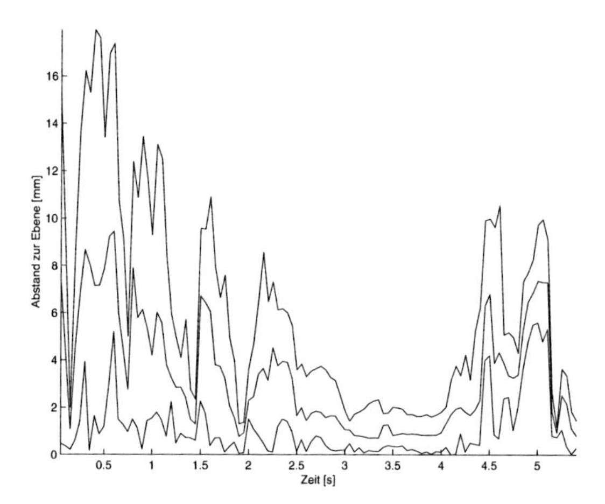


Abbildung 7.3: Minimaler, mittlerer und maximaler Abstand der Rückenmarker zur zeitabhängigen approximierten Ebene des Rückens bei der „Ingress-Egress-Back"-Prüfung.

### 7.1.3 Genauigkeit bei der Bahnausführung

Vergleicht man die vom Prüfsystem ausgeführten Bahnen mit den Originalbahnen der Prüfspezifikation, so können Unterschiede hinsichtlich zweier Kriterien ausgemacht werden. Abbildung 7.4 zeigt den Verlauf der Originalposition, der Sollposition und der Istposition in der x-Richtung der „Ingress-Egress-Seat"-Prüfung. Die Originalposition ist hierbei die gewünschte Position laut Prüfspezifikation und daher nur an den Stützpunkten $j$ definiert. Die Sollposition ist die vom Prüfsystem berechnete Position, während die Istposition die tatsächlich während der Ausführung gemessene repräsentiert. Fehler sind hier sowohl bezüglich des zeitlichen Ablaufs, als auch bei den

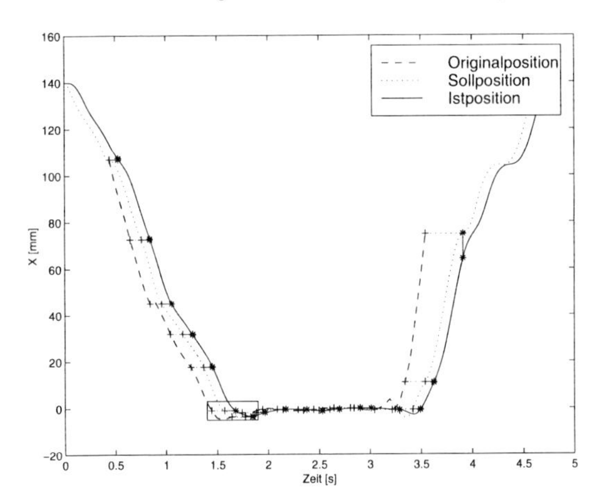


Abbildung 7.4: Original-, Soll- und Istposition in x-Richtung der „Ingress-Egress-Seat"-Prüfung.

Positionen erkennbar.

Zunächst sollen die zeitlichen Differenzen einer genaueren Betrachtung unterzogen werden. Unter der zeitlichen Differenz $\Delta T_{orig,soll}(j)$ eines Stützpunktes $j$ der Originalbahn zur Sollbahn wird die Differenz zwischen der Originalzeit $t_{orig,j}$ und der durch die Splineberechnung modifizierten Sollzeit $t_{soll,j}$ verstanden.

$$\Delta T_{orig,soll}(j) = t_{soll,j} - t_{orig,j} \tag{7.1}$$

Abbildung 7.5 zeigt den in Abbildung 7.4 eingerahmten Ausschnitt vergrößert zur genaueren Darstellung. Die gepunkteten waagrechten Linien von der Originalbahn zur Sollbahn kennzeichnen hierbei den zeitlichen Fehler an den Stützpunkten. Dieser wird durch zwei Effekte bei der Splineberechnung verursacht. Zum einen müssen die Zeiten der Stützpunkte auf Interpolationstakte aufgerundet werden, wodurch es zu Differenzen im Bereich von einschließlich Null bis ausschließlich zwölf Millisekunden kommen kann. Weiterhin werden die Splines, wie in Kapitel 5 erklärt, so berechnet, dass die Geschwindigkeits- und Beschleunigungslimits eingehalten werden. Falls dies bei Verwendung der Originalzeit nicht möglich ist, so wird diese entsprechend verändert, was zu einem weiteren Fehler führt. Aus beiden Fehlern resultiert der Zeitunterschied $\Delta T_{orig,soll}(j)$ des Stützpunktes $j$.

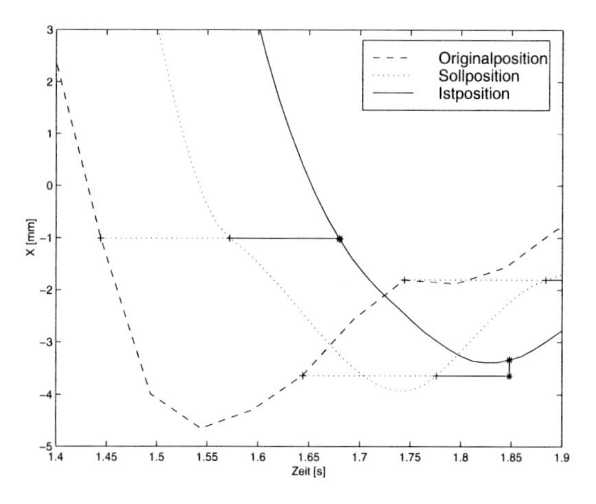


Abbildung 7.5: Vergrößerter Ausschnitt von Abbildung 7.4.

Bei der Ausführung der Bahn treten weitere Fehler auf. Diese resultieren aus dem Fehler des Roboterpositionsreglers, welcher ein Hinterherlaufen der Istbahn gegenüber der Sollbahn verursacht. Dieser wird daher im Folgenden als Schleppfehler bezeichnet. Bei der Kraftregelung muss dies dadurch berücksichtigt werden, dass die Kraft zu den Zeitpunkten gemessen wird, an denen die Istposition den richtigen Wert hat. Diese wird allerdings erst verzögert zum Zeitpunkt $t_{ist,j}$ erreicht. In Abbildung 7.5 ist dies durch die durchgezogene waagrechte Linie zwischen der Soll- und Istbahn dargestellt. Die Differenzzeit $\Delta T_{soll,ist}$ zwischen der Sollzeit und der Istzeit eines Stützpunktes $j$ berechnet sich somit aus

$$\Delta T_{soll,ist}(j) = t_{ist,j} - t_{soll,j} \tag{7.2}$$

Der gesamte zeitliche Fehler $\Delta T_{orig,ist}(j)$ eines Stützpunktes $j$ ist daher die Summe beider Differenzzeiten:

$$\Delta T_{orig,ist}(j) = \Delta T_{orig,soll}(j) + \Delta T_{soll,ist}(j) \tag{7.3}$$

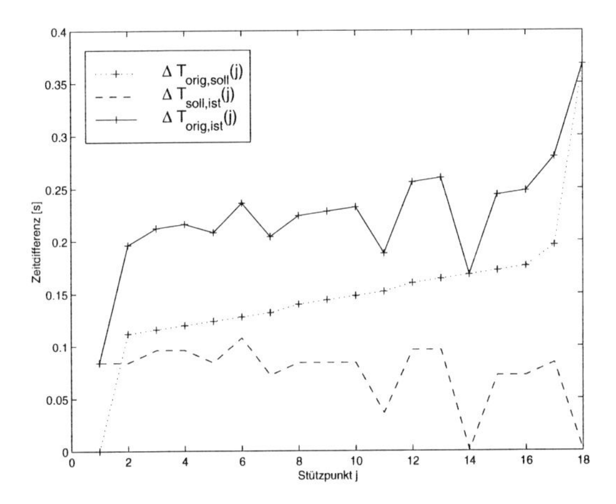


Abbildung 7.6: Differenzzeit $\Delta T_{orig,soll}(j)$ zwischen Original- und Sollpunkten und zwischen Soll- und Istpunkten ($\Delta T_{soll,ist}(j)$). Gesamtdifferenz $\Delta T_{orig,ist}(j)$ zwischen Original- und Istpunkten bei der „Ingress-Egress-Seat"-Prüfung.

Abbildung 7.6 zeigt den Verlauf der Zeitdifferenzen am Beispiel der „Ingress-Egress-Seat"-Prüfung. Erkennbar ist hier, dass die gepunktet dargestellte Differenz zwischen Original- und Sollzeit beim ersten Punkt sprungartig auf über 0,1 Sekunden ansteigt. Die Endzeit des ersten Splines musste also zur Einhaltung der Limits verschoben werden. Es handelt sich hier um den letzten Teil der Anrückbewegung zum Sitz ohne Umgebungskontakt. In der Realität ist die Person hier schon in Bewegung, bei der Erzeugung der Prüfspezifikation werden allerdings die Bewegungen außerhalb des Sitzes entfernt, da sie für die richtige Simulation der Belastung keine Rolle spielen.

Der Roboter muss daher aus der Ruhelage beschleunigen, während in der Realität die Person schon in Bewegung ist. Dies führt somit zu einer etwas langsameren Ausführung durch den Roboter. Dasselbe gilt für die Abrückbewegung am Ende, welche bei der Prüfung ebenfalls vorzeitig beendet wird.

Im mittleren Teil, also während der Sitzphase, ist ein leichtes Ansteigen der Zeitdifferenz, verursacht durch das Aufrunden der Zeiten auf Interpolationszeitpunkte, zu beobachten. Wie schon in Kapitel 5 erwähnt wurde, wird bei der Ausführung der Prüfungen nicht versucht, die verlorengegangene Zeit wieder einzuholen, indem zwischen den nachfolgenden Stützpunkten schneller gefahren wird. Dies führt zu der erkennbaren Akkumulation der Differenzzeiten.

Die Betrachtung der Differenzzeit $\Delta T_{soll,ist}$ zeigt, dass sie zwar unter 0,1 Sekunden liegt, aber starken Schwankungen unterworfen ist. Bei kleinen, langsameren Bewegungen geht sie in der Regel zurück, während sie bei schnelleren ansteigt. Vor allem während der Sitzphase sind die Bewegungen vergleichsweise klein, was dazu führt, dass die Istposition die Sollposition schneller erreicht. Insgesamt ist der relative Zeitfehler zwischen zwei Punkten recht klein. Lediglich bei den unrealistischen Stopps zu Beginn und am Ende der Bewegung außerhalb des Sitzes treten größere Unterschiede auf.

Bei der Untersuchung der Positionsunterschiede wird, analog zu der Betrachtung der Zeit, zwischen der Originalbahn $\vec{\vec{P}}_{orig}(\mathrm{t})$, der Sollbahn $\vec{\vec{P}}_{soll}(\mathrm{t})$ und der Istbahn $\vec{\vec{P}}_{ist}(\mathrm{t})$ unterschieden. Zwischen den Stützpunkten, welche für die Spezifikation der Prüfung verwendet werden, gibt es noch weitere Punkte, für die zwar Positionsinformation, aber keine Kraftinformation vorhanden ist (siehe Kapitel 4). Zwischen jeweils zwei Stützpunkten erhält man somit noch zwei bis fünf weitere Punkte. Diese werden zwar bei der Bewegungsgenerierung nicht berücksichtigt, da sie aber zu der realen Bahn gehören, soll hier untersucht werden, inwieweit die ausgeführte Bahn von diesen Punkten abweicht. Die Differenzpositionen werden also nicht nur für die Zeitpunkte $t_{orig,j}$ der Stützpunkte, sondern für alle Zeitpunkte $t_{orig,k}$ der, vom Motion Capturing System bestimmten Positionen berechnet. Abbildung 7.7 stellt die Differenzen $\Delta\vec{\vec{P}}_{orig,soll}(k)$ zwischen den Soll- und Originalpositionen durch gepunktete senkrechte Linien und die Differenzen $\Delta\vec{\vec{P}}_{orig,ist}(k)$ zwischen den Ist- und Originalpositionen mit durchgezogenen senkrechten Linien dar. Diese lassen sich durch folgende Formeln berechnen:

$$\Delta\vec{\vec{P}}_{orig,soll}(k) = \vec{\vec{P}}_{soll}(t_{orig,k}) - \vec{\vec{P}}_{orig}(t_{orig,k}) \quad (7.4)$$

$$\Delta\vec{\vec{P}}_{orig,ist}(k) = \vec{\vec{P}}_{ist}(t_{orig,k}) - \vec{\vec{P}}_{orig}(t_{orig,k}) \quad (7.5)$$

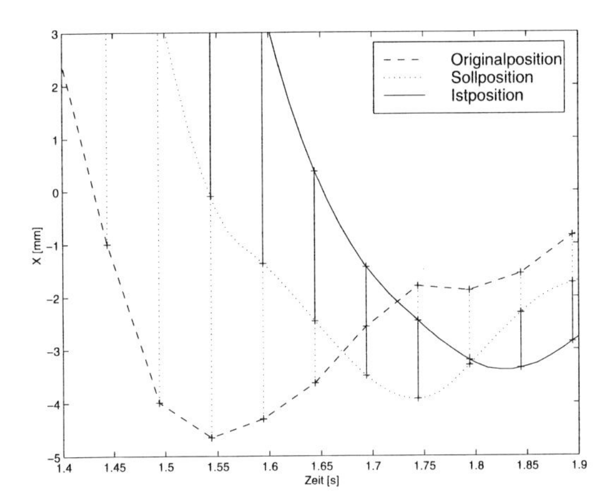


Abbildung 7.7: Differenzen zwischen der Original-, Soll- und Istposition in x-Richtung an den Originalzeitpunkten $t_{orig,k}$ bei der „Ingress-Egress-Seat"-Prüfung.

Zur besseren Darstellung ist hier die Unterscheidung zwischen der Position und der Orientierung sinnvoll. Abbildung 7.8 zeigt die Differenz $\Delta\vec{\vec{P}}_{orig,soll}(k)$ zwischen Original- und Sollposition an den Punkten $k$. Erkennbar ist hier, dass zu Beginn und vor allem am Ende große Unterschiede auftreten. Wie später noch gezeigt wird, wird dies in erster Linie durch die zeitliche Differenz verursacht. Während der Sitzphase sind sie hingegen sehr gering. Erkennbar ist ebenfalls, dass auch bei den dazwischenliegenden Punkten keine besonders große Positionsfehler auftreten. Diese werden zwar nicht explizit angefahren, allerdings liegen sie nahe genug an den Stützpunkten, so dass sie gut durch die Splines approximiert werden. Die Positionsfehler liegen während der Sitzphase im Bereich weniger Millimeter, während die Orientierungsfehler kleiner als 0,5 Grad sind.

Eine Betrachtung der Differenz $\Delta\vec{\vec{P}}_{orig,ist}(k)$ zwischen Original- und Istposition an den Punkten $k$ ermöglicht Abbildung 7.9. Im Vergleich zu den, in Abbildung 7.8 gezeigten Differenzen $\Delta\vec{\vec{P}}_{orig,soll}(k)$ sind diese meist größer, was nicht überraschend ist, da der Schleppfehler zu einem zusätzlichen Positionsfehler führt. Die Fehler bewegen sich im Bereich von bis zu 30 Mil-

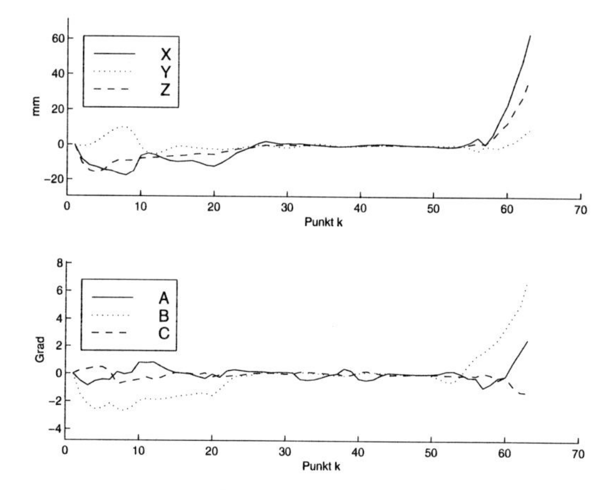


Abbildung 7.8: Differenz $\Delta\vec{\vec{P}}_{orig,soll}(k)$ der Position und Orientierung zwischen Original- und Sollposition bei der „Ingress-Egress-Seat“-Prüfung.

limetern bzw. 5 Grad zu Beginn und bis zu 70 Millimetern bzw. 8 Grad am Ende. Während der Sitzphase sind die Fehler wiederum sehr gering.

In der bisherigen Darstellung wurde die Positionsdifferenz mit der Zeitdifferenz vermischt. Für eine gezieltere Betrachtung der Position muss daher der Einfluss der Zeit entfernt werden. Betrachtet man die Teilbahn zwischen zwei Stützpunkten $j$ und $j+1$, so beginnt und endet sie in Originalzeit mit $t_{orig,j}$ bzw. $t_{orig,j+1}$, in Sollzeit mit $t_{soll,j}$ bzw. $t_{soll,j+1}$. Nun kann die Sollbahn $\vec{\vec{P}}_{soll}(t)$ vom Intervall $[t_{soll,j}, t_{soll,j+1}]$ in das Intervall $[t_{orig,j}, t_{orig,j+1}]$ durch folgende lineare Abbildung $\phi_{soll,j}(t)$ der Zeit abgebildet werden:

$$\begin{aligned} \phi_{soll,j} &: [t_{soll,j}, t_{soll,j+1}] \rightarrow [t_{orig,j}, t_{orig,j+1}] \\ \phi_{soll,j}(t) &= \tfrac{t_{orig,j+1} - t_{orig,j}}{t_{soll,j+1} - t_{soll,j}} (t - t_{soll,j}) + t_{orig,j} \end{aligned} \tag{7.6}$$

Man erhält somit die in das Intervall $[t_{orig,j}, t_{orig,j+1}]$ abgebildete und zeitlich skalierte Sollbahn $\vec{\vec{P}}'_{soll,j}(t)$ durch

$$\vec{\vec{P}}'_{soll,j}(\phi_{soll,j}(t)) = \vec{\vec{P}}_{soll,j}(t), \text{ für } t \in [t_{soll,j}, t_{soll,j+1}] \tag{7.7}$$

Wiederholt man dies für alle Intervalle der Bahn, so ergibt sich die gesamte zeitlich skalierte Sollbahn $\vec{\vec{P}}'_{soll}(t)$.

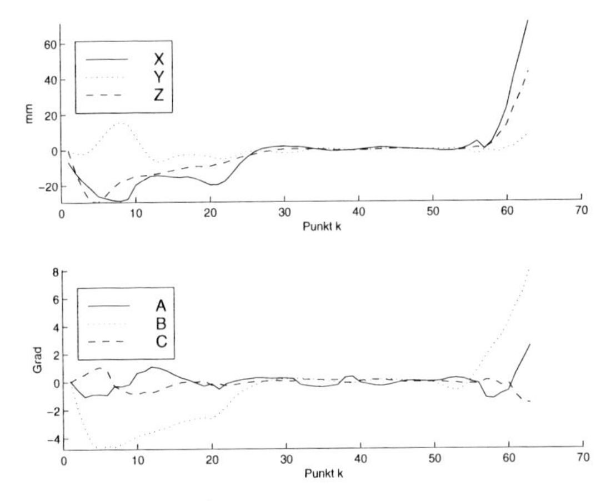


Abbildung 7.9: Differenz $\Delta\vec{\vec{P}}_{orig,ist}(k)$ der Position und Orientierung zwischen Original- und Istposition bei der „Ingress-Egress-Seat"-Prüfung.

Aus dem Vergleich mit der Originalbahn $\vec{\vec{P}}_{orig}(t)$ ergeben sich die Differenzpositionen $\Delta\vec{\vec{P}}'_{orig,soll}(k)$ an den Zeitpunkten $t_{orig,k}$ aus folgender Formel:

$$\Delta\vec{\vec{P}}'_{orig,soll}(k) = \vec{\vec{P}}'_{soll}(t_{orig,k}) - \vec{\vec{P}}_{orig}(t_{orig,k}) \tag{7.8}$$

Abbildung 7.10 zeigt die so erhaltenen Werte, welche deutlich kleiner sind, als die in Abbildung 7.8 dargestellten, zeitlich nicht skalierten Positionsdifferenzen. Der maximale Positionsfehler beträgt weniger als 10 Millimeter, während der maximale Orientierungsfehler unter 1,3 Grad liegt.

In gleicher Weise kann beim Vergleich zwischen Original- und Istposition vorgegangen werden. Die linearen Abbildungen der Zeit $\phi_{ist,j}(t)$ sehen nun folgendermaßen aus:

$$\begin{aligned} &\phi_{ist,j} : [t_{ist,j}, t_{ist,j+1}] \longrightarrow [t_{orig,j}, t_{orig,j+1}] \\ &\phi_{ist,j}(t) = \tfrac{t_{orig,j+1} - t_{orig,j}}{t_{ist,j+1} - t_{ist,j}} \left(t - t_{ist,j}\right) + t_{orig,j} \end{aligned} \tag{7.9}$$

Hiermit erhält man die, in die Intervalle $[t_{orig,j}, t_{orig,j+1}]$ abgebildeten und zeitlich skalierten Istbahnen $\vec{\vec{P}}'_{ist,j}(t)$ durch

$$\vec{\vec{P}}'_{ist,j}\left(\phi_{ist,j}(t)\right) = \vec{\vec{P}}_{ist,j}(t), \text{ für } t \in [t_{ist,j}, t_{ist,j+1}] \tag{7.10}$$

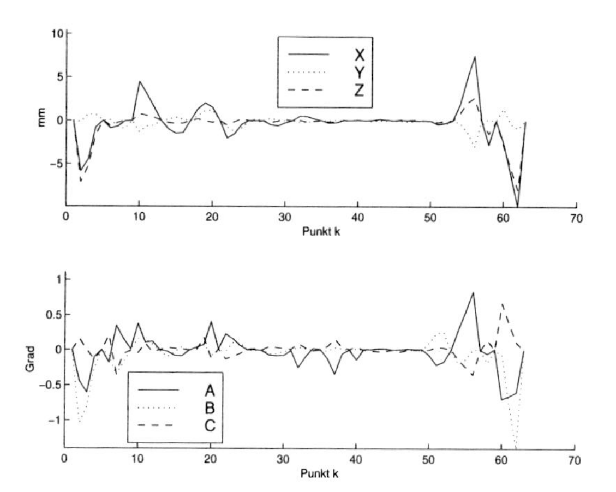


Abbildung 7.10: Zeitlich skalierte Differenz $\Delta\vec{P}'_{orig,soll}(k)$ der Position und Orientierung zwischen Original- und Sollposition bei der „Ingress-Egress-Seat"-Prüfung.

Diese bilden zusammen wiederum die gesamte zeitlich skalierte Istbahn $\vec{P}'_{ist,j}(t)$. Damit lassen sich die, in Abbildung 7.11 dargestellten Differenzpositionen $\Delta\vec{P}'_{orig,ist}(k)$, an den Zeitpunkten $t_{orig,k}$ bestimmen. Im Vergleich zu den zeitlich skalierten Differenzen $\Delta\vec{P}'_{orig,soll}(k)$ ist nur noch ein kleiner Unterschied erkennbar. Dies ist darauf zurückzuführen, dass durch die zeitliche Skalierung die zeitlichen Auswirkungen des Schleppfehlers herausgerechnet werden. Die Positionsunterschiede sind aber im Normalfall vergleichsweise klein, was nur noch zu kleinen zusätzlichen Differenzen führt. Der maximale Orientierungsfehler liegt daher unter 1,5 Grad, während der Positionsfehler unter 11 Millimetern liegt.

Ähnliche Ergebnisse erhält man für die „Ingress-Egress-Back"-Prüfung. Diese werden daher nicht mehr so ausführlich wie die „Ingress-Egress-Seat"-Prüfung, sondern nur noch in ihren Ergebnissen präsentiert. In Abbildung 7.12 ist die Differenz der Zeiten dargestellt. Die gestrichelt eingezeichnete Differenz zwischen Soll- und Istzeit liegt bei ca. 0,1 Sekunden mit leichten Variationen nach unten. Die Differenz zwischen Original- und Sollzeit steigt vor allem wieder zu Beginn und am Ende an, während sie sich in der Sitzphase kaum ändert.

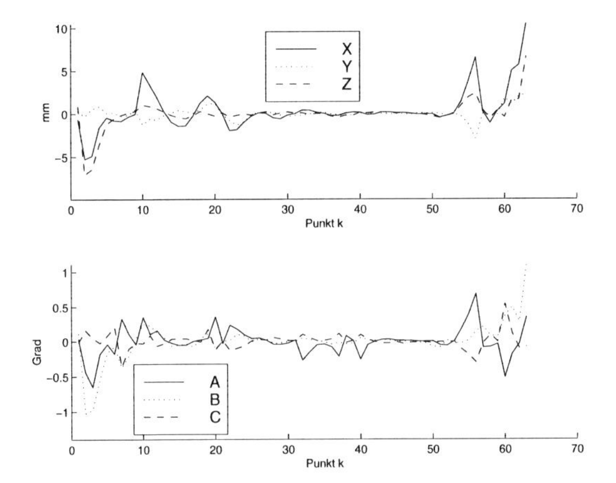


Abbildung 7.11: Zeitlich skalierte Differenz $\Delta\vec{P}'_{orig,ist}(k)$ der Position und Orientierung zwischen Original- und Istposition bei der „Ingress-Egress-Seat"-Prüfung.

In Abbildung 7.13 ist die zeitlich skalierte Differenzposition $\Delta\vec{P}'_{orig,soll}(k)$ zwischen Soll- und Originalposition dargestellt. Die Positions- und Orientierungsfehler sind wiederum zu Beginn und am Ende größer und liegen unter 8,5 Millimeter bzw. 2,6 Grad, während sie bei der Sitzphase vernachlässigbar klein sind.

Die in Abbildung 7.14 gezeigte zeitlich skalierte Differenzposition $\Delta\vec{P}'_{orig,ist}(k)$ zwischen Ist- und Originalposition unterscheidet sich wiederum nur geringfügig von der Differenz zwischen Original- und Sollposition. Dies ist wiederum auf die zeitliche Skalierung zurückzuführen, welche den zeitlichen Einfluss des Schleppfehlers kompensiert.

Insgesamt sind die Ergebnisse qualitativ und quantitativ sehr ähnlich zu denen der „Ingress-Egress-Seat"-Prüfung. Zusammenfassend können daher folgende Schlüsse gezogen werden. Die Originalbahnen werden von dem Prüfsystem sehr genau nachgefahren. Die größten Unterschiede sind hier in der Zeit zu verzeichnen. Diese resultieren zum einen aus der Verschiebung der Zeiten der Stützpunkte aufgrund von Rundung bzw. zur Einhaltung der Geschwindigkeits- und Beschleunigungslimits. Vor allem das Abschneiden von Teilen der Bewegung während der Annäherungs- und Entfernungs-

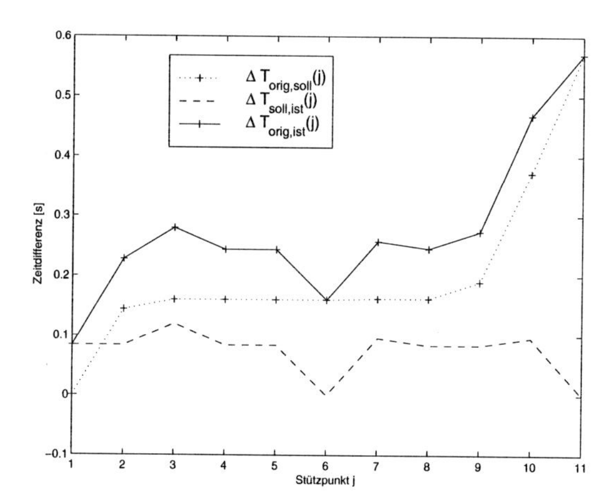


Abbildung 7.12: Differenzzeit $\Delta T_{orig,soll}(j)$ zwischen Original- und Sollpunkten und zwischen Soll- und Istpunkten ($\Delta T_{soll,ist}(j)$). Gesamtdifferenz $\Delta T(j)$ zwischen Original- und Istpunkten bei der „Ingress-Egress-Back"-Prüfung.

phase vom Sitz und das Stoppen der Bewegung an diesen Stellen während der Prüfung führt zu zeitlichen Verzögerungen. Während der Sitzphase sind diese jedoch vernachlässigbar klein. Die zusätzliche Verzögerung durch den Schleppfehler liegt normalerweise unter 100 Millisekunden und wird durch die Lageregelung der Robotersteuerung verursacht. Die zeitliche Verschiebung führt zu teilweise deutlichen Positionsfehlern. Kompensiert man diese zeitlichen Faktoren allerdings durch eine lineare Abbildung der Soll- bzw. Istzeit in die Originalzeit, so werden diese deutlich geringer. Dies trifft nicht nur für die Punkte zu, welche als Stützpunkte mit Kraftinformation für die Spezifikation der Prüfung verwendet werden, sondern auch für die dazwischenliegenden Punkte. Diese werden zwar bei der Ausführung der Bahn nicht berücksichtigt, allerdings wird durch die Verwendung der Splines eine recht ähnliche Bahn abgefahren, welche nahe an diesen Punkten liegt. Insofern führt das Weglassen von Zwischenpunkten zu keinen starken Unterschieden gegenüber der realen Bahn. Die Positionsfehler liegen daher im Bereich weniger Millimeter bzw. Grad, was deutlich über der, bei der Datengewinnung erreichbaren Genauigkeit liegt.

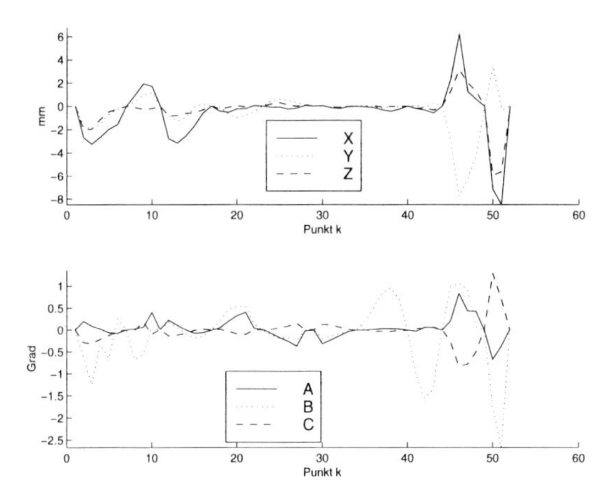


Abbildung 7.13: Zeitlich skalierte Differenz $\Delta\vec{P}'_{orig,soll}(k)$ der Position und Orientierung zwischen Original- und Sollposition bei der „Ingress-Egress-Back“-Prüfung.

## 7.2 Kraftregelung

In Kapitel 6 wurde die qualitative Wirkung der lernenden Kraftregelung am Verlauf der Position und Kraft über mehrere Prüfzyklen hinweg verglichen. Hier soll nun die quantitative Analyse erfolgen. Hierzu wird die Genauigkeit der Regelung anhand von Beispielen bestehend aus sinusförmigen und freien Prüfungen gezeigt.

### "Jounce-and-Squirm"-Prüfung

Bei der „Jounce-and-Squirm“-Prüfung wird eine positionsgeregelte waagrechte Rotation auf dem Sitz und gleichzeitig eine höherfrequente kraftgeregelte vertikale Oszillation mit zehn Schwingungen pro Zyklus ausgeführt. Abbildung 7.15 zeigt den Verlauf in der z-Richtung da nur diese kraftgeregelt ist. Die anderen Dimensionen werden aus Gründen der Übersichtlichkeit nicht dargestellt. Links oben ist der Positionsverlauf im ersten Prüfzyklus gezeigt. Deutlich erkennbar ist, dass in diesem Zyklus alle Extrempunkte an derselben Position sind. Links unten ist der Kraftverlauf dargestellt. Aufgrund der Tatsache, dass die einzelnen Schwingungen in vertikaler Richtung mit

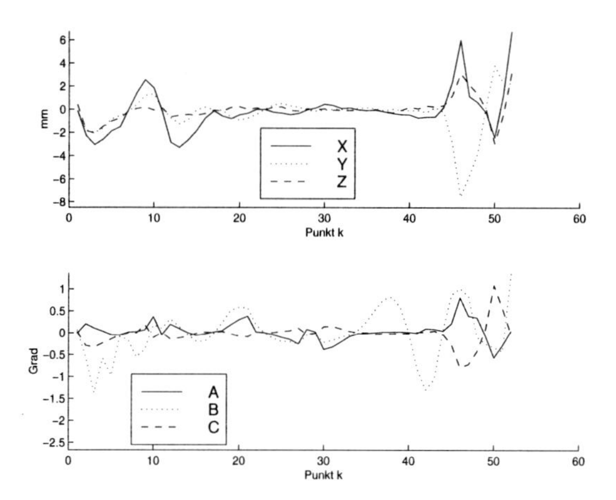


Abbildung 7.14: Zeitlich skalierte Differenz $\Delta\vec{P}'_{orig,ist}(k)$ der Position und Orientierung zwischen Original- und Istposition bei der „Ingress-Egress-Back"-Prüfung.

unterschiedlicher waagrechter Orientierung der Attrappe ausgeführt werden, erhält man deutlich unterschiedliche Kräfte. Die Soll- und Ist-Kraft ist durch sternförmige Punkte markiert, während die senkrechte Linie zwischen zwei Kräften den Kraftfehler darstellt. Die Kraftfehler sind, wie deutlich erkennbar ist, zu Beginn noch sehr groß.

Nach nur wenigen Zyklen stellt sich in Zyklus 19 der Verlauf ganz anders dar. Der rechts oben dargestelle Positionsverlauf zeigt, dass die Extrempunkte nun ganz unterschiedliche Positionen haben. Rechts unten ist erkennbar, dass der Kraftverlauf zwischen der gewünschten Maximal- und Minimalkraft schwingt. Die Linien der Kraftfehler sind kaum noch erkennbar. Die Betrachtung des Verlaufs des maximalen und mittleren Fehlers über die Zyklen in Abbildung 7.16 bestätigt dies. Der maximale Fehler nimmt von über 440 N m ersten Zyklus auf ca. 6,5 N im neunzehnten Zyklus ab. Ähnliches gilt für den mittleren Fehler, welcher von über 210 N auf ca. 3,3 N abnimmt.

### „Ingress-Egress-Seat"-Prüfung

Die Sollbahn und die Sollkräfte werden bei der „Ingress-Egress-Seat"-Prüfung, wie in Kapitel 4 beschrieben, aus realen Belastungen ermittelt.

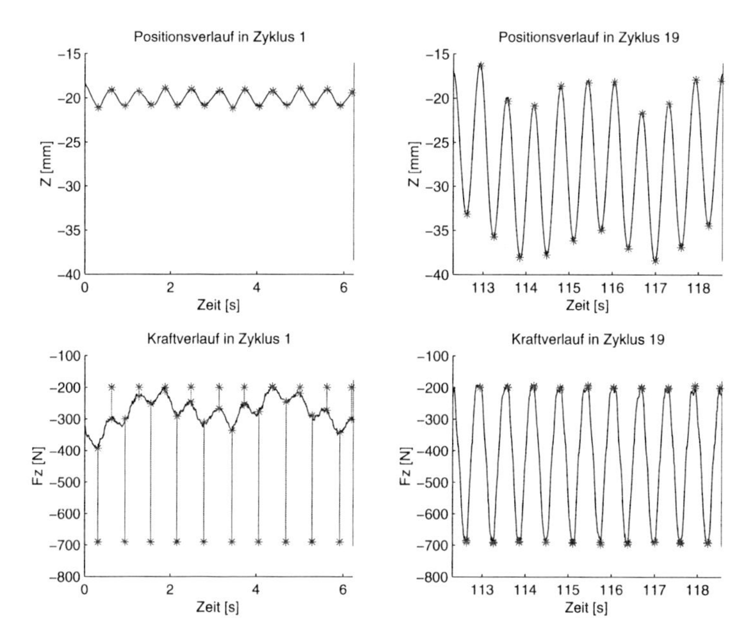


Abbildung 7.15: Vergleich des Kraft- und Positionsverlaufs in z-Richtung beim ersten und beim neunzehnten Prüfzyklus der „Jounce-and-Squirm"-Prüfung.

Diese Prüfung ist damit durch zeitindizierte Punkte im Arbeitsraum mit Kräften in z-Richtung spezifiziert. Die Bewegung und auch der Kraftverlauf sind somit deutlich komplizierter, da nicht, wie bei der sinusförmigen Prüfung, nur zwischen zwei Kräften oszilliert werden soll.

Abbildung 7.17 zeigt wiederum nur den Verlauf in z-Richtung, da bei der „Ingress-Egress-Seat"-Prüfung nur die Sollkräfte in vertikaler Richtung bekannt sind. Links oben ist die Istbahn mit den, durch Sterne markierten kraftgeregelten Punkten im ersten Zyklus dargestellt. Links unten ist der Verlauf der gemessenen Kraft gezeichnet. Hier sind die Soll- und Istkräfte durch Sterne markiert, während deren Differenz jeweils durch eine senkrechte Linie angezeigt wird. Auch hier sind wieder deutliche Unterschiede zwischen der Soll- und Istkraft erkennbar.

Nach einigen Zyklen ergibt sich der rechts dargestellte Verlauf von Zyklus

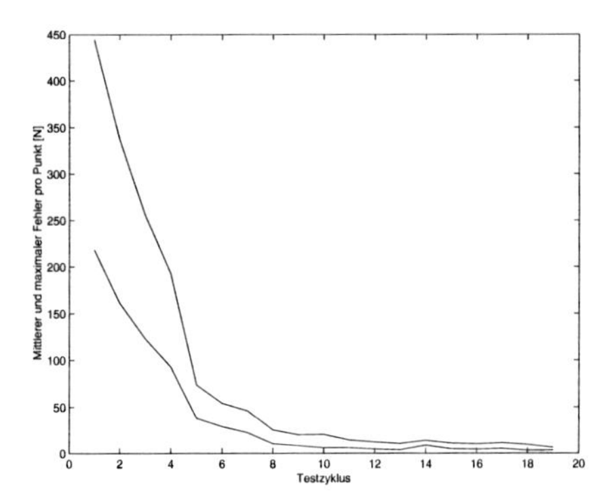


Abbildung 7.16: Verlauf des maximalen und mittleren Fehlers bei der „Jounce-and-Squirm"-Prüfung.

fünfzehn. Rechts oben ist die modifizierte Bahn eingezeichnet, wobei die modifizierten Punkte durch auf der Bahn liegende Sterne markiert sind. Die, mit Hilfe der lernenden Regelung ermittelten Offsets sind durch senkrechte Linien hervorgehoben. Diese verbinden die auf der Bahn liegenden modifizierten mit den, ebenfalls durch Sterne markierten, ursprünglichen Punkten. Rechts unten ist der gemessene Kraftverlauf dargestellt. Vergleicht man diesen mit dem Verlauf aus dem ersten Zyklus, so sind deutliche Unterschiede erkennbar. Die Kräfte an den einzelnen Punkten haben sich deutlich verändert und den Sollkräften fast gänzlich angenähert, so dass die senkrechten Linien der Kraftfehler kaum noch erkennbar sind.

Betrachtet man den, in Abbildung 7.18 dargestellten Verlauf des maximalen und mittleren Kraftfehlers über die Zyklen hinweg, so ist auch hier eine deutliche Verbesserung erkennbar. Der maximale Fehler reduziert sich von über 600 N im ersten Zyklus auf ca. 15 N im fünfzehnten. Auch der mittlere Fehler nimmt deutlich von über 370 N auf ca. 4 N ab.

### Mehrdimensionale Kraft- und Momentenregelung

Die beiden bisherigen Beispiele zeigten eine eindimensionale Kraftregelung. Nun soll noch die Wirkungsweise bei gleichzeitiger Regelung von einer Kraft und einem Moment gezeigt werden. Als Beispiel dient folgende Aufgabe. Die vertikal auf den Sitz aufgebrachte Kraft soll, ebenso wie das Drehmoment, um die Hüfte zwischen zwei Werten oszillieren.

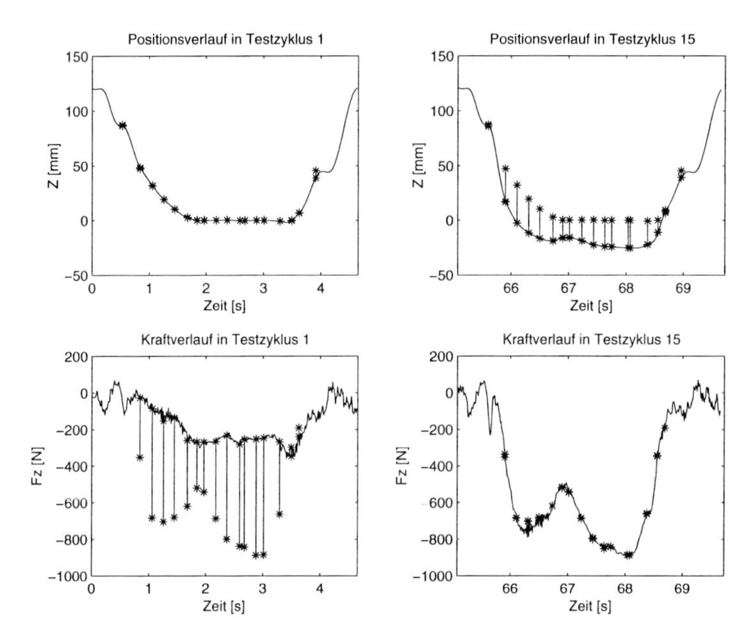


Abbildung 7.17: Vergleich des Kraft- und Positionsverlaufs in z-Richtung beim ersten und beim fünfzehnten Prüfzyklus der „Ingress-Egress-Seat"-Prüfung.

Abbildung 7.19 zeigt links den Verlauf des Kraftfehlers und rechts den des Drehmomentenfehlers in den Stützpunkten von jedem Prüfzyklus. Auch hier ist wieder eine deutliche Reduzierung der Fehler zu erkennen. Bei der Kraft reduziert sich der maximale Fehler von über 370 N auf unter 2 N, während der mittlere Fehler pro Punkte von über 280 N auf ebenfalls unter 2 N sinkt. Bei dem Fehler der Drehmomente zeigt sich ein ähnliches Bild. Hier reduziert sich der maximale Fehler von über 160 Nm auf unter 4 Nm und der mittlere Fehler pro Punkt von über 100 Nm auf unter 3 Nm.

Wie aus den obigen Ergebnissen deutlich wurde, funktioniert die lernende Kraftregelung ideal unter den hier vorliegenden Bedingungen. Es werden nur wenige Zyklen zu Beginn benötigt, um die gewünschten Kräfte an den Stützpunkten zu erhalten. Dies ist trotz des unbekannten Systemmodells des Sitzes und dessen nichtlinearen Verhaltens möglich. Der Regler hat, wie in al-

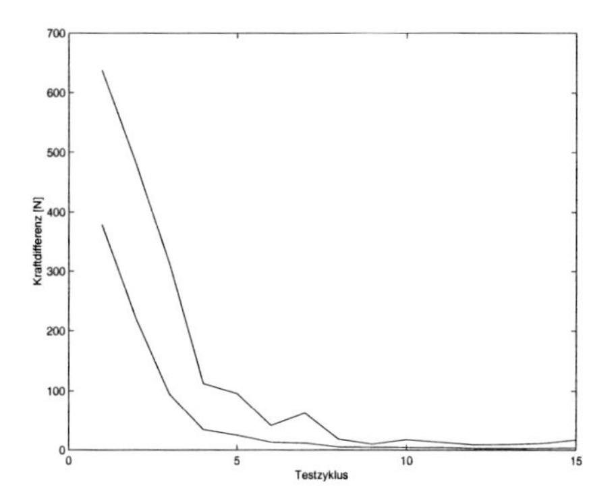


Abbildung 7.18: Verlauf des maximalen und mittleren Kraftfehlers bei der „Ingress-Egress-Seat"-Prüfung.

len Beispielen gezeigt wurde, keine Schwierigkeiten auch große Fehler schnell auszuregeln.

## 7.3 Zusammenfassung

In diesem Kapitel wurde eine Genauigkeitsanalyse des Systems durchgeführt. Angefangen bei der Datengewinnung, über die Datenaufbereitung, bis hin zur Prüfungsausführung wurden auftretende Fehler analysiert und anhand von Messergebnissen deren qualitative und quantitative Auswirkungen untersucht.

Bei der Messung der Bewegungsbahnen kommt es zu Messfehlern im Bereich weniger Zentimeter. Diese werden durch die beschränkte Genauigkeit des Kamerasystems, durch Verdeckungen der Markierungen und durch deren Fixierung verursacht. Bei der Aufbereitung der Bahnen kommt es vor allem wegen der Einschränkung auf eine starre Attrappe zu Unterschieden gegenüber der Realität. Bei den Oberschenkeln betragen diese wenige Zentimeter, während sie beim Rücken unter zwei Zentimetern liegen.

Die anschließende Ausführung der Bahn führt zu Fehlern hinsichtlich der Zeit und der Position. Die Sollbahn weicht von der Originalbahn, bedingt durch das Runden der Originalzeiten auf Interpolationszeiten und vor allem durch die Verschiebung zur Einhaltung der Geschwindigkeits- und Beschleunigungslimits des Roboters ab. Bei der Ausführung der Sollbahn tritt

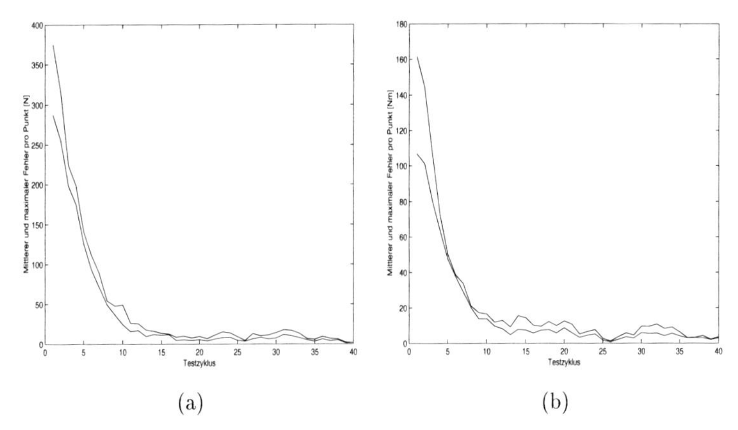


(a) (b)

Abbildung 7.19: Verlauf des maximalen und mittleren Fehlers bei der kraft- und drehmomentgeregelten zweidimensionalen sinusförmigen Prüfung: (a) Fehler der Kraft in vertikaler Richtung. (b) Fehler des Drehmoments um die Hüfte.

weiterhin, hervorgerufen durch den Schleppfehler, eine weitere zeitliche Verzögerung ein, welche im Bereich von ungefähr 0,1 Sekunden liegt.

Diese zeitliche Verzögerung führt zu Unterschieden zwischen der Soll- bzw. Istbahn und der Originalbahn. Zur genaueren Betrachtung des zeitunabhängigen Positionsfehlers müssen daher die zeitlichen Faktoren kompensiert werden. Dies kann durch eine lineare Abbildung der Soll- bzw. Istzeit auf die Originalzeit geschehen. Hiermit wird der Fehler deutlich geringer, was zeigt, dass vor allem die Zeit nicht genau eingehalten wird, während die Bahn selbst recht genau abgefahren wird. Dies gilt sogar für die zusätzlichen, nicht in der Prüfspezifikation verwendeten Punkte, für die zwar die Position, aber nicht die Kraft bekannt ist. Diese werden zwar bei der Bahngenerierung nicht berücksichtigt, trotzdem ist der Fehler bei diesen Punkten nur unwesentlich größer als bei den Stützpunkten. Dies zeigt, dass die Splines auch diese Punkte gut approximieren können, da sie in der Regel sehr nahe bei den benachbarten Stützpunkten der Bahn liegen.

Die anschließende quantitative Untersuchung der lernenden Kraftregelung zeigte, dass diese sowohl bei sinusförmigen, als auch bei der splineförmigen Prüfung sehr gut funktioniert. Es werden nur wenige Zyklen benötigt, um die Sollkräfte sehr gut anzunähern. Dies gilt ebenfalls für eine mehrdimensionale Regelung, wie das Beispiel der gleichzeitigen Regelung von Kraft und Moment zeigte.

Abschließend ist zu sagen, dass das System die Prüfungen momentan genauer durchführt als die Daten durch die verwendeten Messsysteme in der Realität gemessen werden können. Insofern ist als nächster Schritt eine Verbesserung der Datengewinnung sinnvoll. Weiterhin stellt die Verwendung eines starren Dummys die stärkste Einschränkung des Systems dar. Der Einsatz einer beweglichen Attrappe würde daher die Realitätsnähe stark erhöhen.

# Kapitel 8

# Zusammenfassung und Ausblick

## 8.1 Zusammenfassung

In dieser Arbeit wurde ein neuartiger Ansatz zur Verbesserung der Ermüdungsprüfungen am Beispiel von Sitzprüfsystemen vorgestellt. Er basiert auf der Idee, die durch den Menschen hervorgerufene Belastung genau zu imitieren, um der Realität möglichst nahe zu kommen. Hierzu wurden zunächst Daten gewonnen, indem eine Person beim Hineinsitzen und Aufstehen durch ein Kamerasystem verfolgt wurde. Zusätzlich wurde die Belastung des Sitzes mit Hilfe von Sensormatten, welche die senkrecht einwirkenden Kräfte bestimmen können, gemessen. Aus diesen Daten wurde eine neuartige Prüfung, die so genannte „Ingress-Egress"-Prüfung generiert. Diese setzt sich aus zwei Teilen, einem für das Sitzkissen und einem für die Rückenlehne, zusammen.

Zur Ausführung dieser Prüfung wurde ein neues Prüfsystem realisiert. Es setzt einen Roboter als Kinematikeinheit ein, welcher durch eine Kraftmessdose am Flansch und durch eine starre Attrappe ergänzt wurde. Zur Ausführung der Bewegungen wurde ein Interpolator entwickelt, welcher splineförmige Bewegungen zur Interpolation zwischen den vorgegebenen zeitindizierten Punkten verwendet. Diese Splines unterscheiden sich stark von den bisher verwendeten. Sie sind in der Lage, die vorgegebenen Positionen zu den richtigen Zeiten zu erreichen. Weiterhin wurde in dieser Arbeit ein neues analytisches Verfahren entwickelt, welches dabei die Einhaltung der Geschwindigkeits- und Beschleunigungslimits garantiert. Zusätzlich ist es möglich, sechsdimensionale Sinusschwingungen im Arbeitsraum durchzuführen, wobei in jeder Dimension die Frequenz, Amplitude, Phase, Minimal- und Maximalkraft frei wählbar sind.

Für die Kraftregelung wurde ein lernendes Verfahren entwickelt. Dieses benutzt die Differenz zwischen den Sollkräften und den gemessenen Istkräften eines Zyklus zur Bestimmung von Positionsoffsets für die Bahn zur Verbesserung des Kraftverlaufs im nächsten Zyklus. Dieser Ansatz ist unter den hier vorliegenden Bedingungen wesentlich besser geeignet als andere Kraftregelungsverfahren. Es werden nur wenige Zyklen zu Beginn einer Prüfung bis zur Erreichung der korrekten Kräfte benötigt. In den vielen Tausend nachfolgenden Zyklen treten aufgrund der Abnutzung nur noch leichte Veränderungen in den Reaktionskräften des Sitzes auf, welche problemlos ausgeregelt werden können. Eine umfangreiche qualitative und quantitative Untersuchung der Genauigkeit der einzelnen Verarbeitungsschritte schließt diese Arbeit ab. Hierbei zeigte sich, dass das neue Prüfsystem sehr gut in der Lage ist, die realen Bewegungen des Menschen zu imitieren und dabei nur vergleichsweise geringe Fehler macht. Bei der Datengewinnung sind allerdings noch einige Einschränkungen zu vermerken. Hier ist vor allem noch die Messgenauigkeit verbesserungswürdig, was aber größtenteils durch die bisher noch nicht ausreichend genauen Messsysteme verursacht ist.

Das System hat unter der Bezeichnung OccuBot VI bereits den Weg von der Forschung in die Anwendung gefunden und wird inzwischen schon von einigen Sitzherstellern erfolgreich eingesetzt. Abbildung 8.1 zeigt beispielhaft den Aufbau bei der Firma W.E.T. Automotive Systems AG, wo es vor allem zum Prüfen der, in den Sitz eingebauten Klimasysteme (Heizspiralen und Lüfter) eingesetzt wird. Das System dient aber auch bei anderen Firmen zur Verbesserung und Flexibilisierung ihrer Prüfverfahren.

## 8.2 Ausblick

Das hier vorgestellte System weist noch einige Verbesserungsmöglichkeiten auf. Die momentan stärkste Einschränkung resultiert aus der Verwendung einer starren Attrappe. Diese erlaubt keine unabhängige Bewegung der Oberschenkel und des Oberkörpers, was zu einer Einschränkung der Realitätsnähe führt. Eine bewegliche Attrappe müsste über Gelenke zwischen der Hüfte, den Oberschenkeln und dem Oberkörper verfügen. Weiterhin würden zusätzliche Antriebe benötigt, um diese auch aktiv bewegen zu können. Es gibt bereits Pläne in diese Richtung und diese Erweiterung wird als nächster Schritt realisiert.

Weitere Verbesserungsmöglichkeiten bieten sich bei der Datengewinnung. Bisher wurden nur wenige Datensätze von einer Person aufgenommen, um ein neues Prüfverfahren, nämlich die „Ingress-Egress“-Prüfung, zu generieren. Durch die Datengewinnung bei unterschiedlichen Personen soll ein breiteres Spektrum abgedeckt werden, um eine bessere Allgemeingültigkeit zu erreichen. Weiterhin wäre eine Untersuchung sinnvoll, inwiefern neue Messsysteme

Abbildung 8.1: Bei der Firma W.E.T. Automotive Systems AG installiertes OccuBot VI-System. Mit freundlicher Genehmigung der W.E.T Automotive Systems AG.

zur Erhöhung der Genauigkeit bei der Gewinnung von Beanspruchungs- und Bewegungsdaten verwendet werden können.

Die hier verwendeten Splines können Beschleunigungssprünge an den Stützpunkten aufweisen. In [16] werden so genannte 3-kubische Splines vorgestellt. Diese interpolieren die Bahn zwischen zwei Punkten mit Hilfe von drei Splines. Durch die so vorhandenen zusätzlichen Freiheitsgrade ist eine Stetigkeit der Beschleunigung in den Stützpunkten erreichbar. Allerdings ist der dort vorgestellte Ansatz starken Einschränkungen unterworfen und in dieser Form nicht geeignet, um die Stützpunkte zu den gewünschten Zeitpunkten zu erreichen. Trotzdem könnte er dementsprechend erweitert werden, was zu glatteren Bewegungsbahnen führen würde.

Momentan werden nur statische Kräfte kompensiert. Besser wäre hier eine Kompensation von dynamische Kräften. Problematisch ist dabei vor allem die Gewinnung der hierfür benötigten Daten wie Geschwindigkeit und Beschleunigung. Bei der Ermittlung durch Differentiation des Positionsverlaufs ergeben sich starke Störungen welche zu einer hohen Ungenauigkeit der Kompensation führen würden. Weiterhin ist das Problem der Aufstellung eines dynamischen Modells und die Bestimmung seiner Parameter noch zu klären.

Das Verfahren der lernenden Regelung wurde hier erfolgreich zur Kraftregelung verwendet. Es könnte aber auch zur Verringerung des, in Kapitel 7 dargestellten Schleppfehlers verwendet werden, indem die Sollzeiten gelernt werden, welche zu den gewünschten Istzeiten führen.

Das in dieser Arbeit erarbeitete System ist somit ein großer Schritt in Richtung realistischerer Prüfverfahren. Allerdings gibt es noch einige Möglichkeiten, dessen Genauigkeit zu erhöhen. Vor allem im Bereich der Datengewinnung ist durch Verwendung neuer Messverfahren eine deutliche Verbesserung zu erwarten. Das System ist sehr flexibel aufgebaut, sodass Erweiterungen und Verbesserungen problemlos möglich sein sollten.

# Anhang A

# Grundlagen

## A.1 Robotik

### A.1.1 Jakobimatrix

Die differentielle Änderung von Position und Orientierung $\dot{\vec{P}} = [p_x, p_y, p_z, p_a, p_b, p_c]^T$ ist eine Funktion der Gelenkwerte $\vec{\theta} = [\theta_1, \theta_2, \theta_3, \theta_4, \theta_5, \theta_6]^T$ des Roboters. Sie wird durch die so genannte Jakobimatrix $\mathbf{J}(\vec{\theta})$, in diesem Fall eine $6 \times 6$-Matrix, bestehend aus differentiellen rotatorischen und translatorischen Elementen dargestellt:

$$\mathbf{J}(\vec{\theta}) = \begin{bmatrix} \frac{\partial f_x}{\partial \vec{\theta}_1} & \frac{\partial f_x}{\partial \vec{\theta}_2} & \frac{\partial f_x}{\partial \vec{\theta}_3} & \frac{\partial f_x}{\partial \vec{\theta}_4} & \frac{\partial f_x}{\partial \vec{\theta}_5} & \frac{\partial f_x}{\partial \vec{\theta}_6} \\ \frac{\partial f_y}{\partial \vec{\theta}_1} & \frac{\partial f_y}{\partial \vec{\theta}_2} & \frac{\partial f_y}{\partial \vec{\theta}_3} & \frac{\partial f_y}{\partial \vec{\theta}_4} & \frac{\partial f_y}{\partial \vec{\theta}_5} & \frac{\partial f_y}{\partial \vec{\theta}_6} \\ \frac{\partial f_z}{\partial \vec{\theta}_1} & \frac{\partial f_z}{\partial \vec{\theta}_2} & \frac{\partial f_z}{\partial \vec{\theta}_3} & \frac{\partial f_z}{\partial \vec{\theta}_4} & \frac{\partial f_z}{\partial \vec{\theta}_5} & \frac{\partial f_z}{\partial \vec{\theta}_6} \\ \frac{\partial f_a}{\partial \vec{\theta}_1} & \frac{\partial f_a}{\partial \vec{\theta}_2} & \frac{\partial f_a}{\partial \vec{\theta}_3} & \frac{\partial f_a}{\partial \vec{\theta}_4} & \frac{\partial f_a}{\partial \vec{\theta}_5} & \frac{\partial f_a}{\partial \vec{\theta}_6} \\ \frac{\partial f_b}{\partial \vec{\theta}_1} & \frac{\partial f_b}{\partial \vec{\theta}_2} & \frac{\partial f_b}{\partial \vec{\theta}_3} & \frac{\partial f_b}{\partial \vec{\theta}_4} & \frac{\partial f_b}{\partial \vec{\theta}_5} & \frac{\partial f_b}{\partial \vec{\theta}_6} \\ \frac{\partial f_c}{\partial \vec{\theta}_1} & \frac{\partial f_c}{\partial \vec{\theta}_2} & \frac{\partial f_c}{\partial \vec{\theta}_3} & \frac{\partial f_c}{\partial \vec{\theta}_4} & \frac{\partial f_c}{\partial \vec{\theta}_5} & \frac{\partial f_c}{\partial \vec{\theta}_6} \end{bmatrix} \tag{A.1}$$

Die Jakobimatrix kann für unterschiedliche Transformationen verwendet werden. Um Geschwindigkeiten im Gelenkwinkelraum in Geschwindigkeiten im Arbeitsraum zu transformieren benutzt man die Jakobimatrix:

$$\dot{\vec{P}} = \mathbf{J}(\vec{\theta})\dot{\vec{\theta}} \tag{A.2}$$

Die umgekehrte Richtung erhält man durch Verwendung der inversen Jakobimatrix:

$$\dot{\vec{\theta}} = \mathbf{J}^{-1}(\vec{\theta})\dot{\vec{P}} \tag{A.3}$$

Die transponierte Jakobimatrix kann zur Transformation statischer Kräfte und Momente $\vec{F}$ im Arbeitsraum in die Drehmomente $\vec{\tau}$ der Robotergelenke verwendet werden:

$$\vec{\tau} = \mathbf{J^T}(\vec{\theta})\vec{F} \tag{A.4}$$

Die Transformation der Drehmomente der Robotergelenke in Kräfte und Momente im Arbeitsraum ist durch Verwendung der inversen transponierten Jakobimatrix möglich:

$$\vec{F} = \mathbf{J^{-T}}(\vec{\theta})\vec{\tau} \tag{A.5}$$

### A.1.2 Dynamisches Robotermodell

#### Gelenkwinkelraum

Das dynamische Modell eines Roboters lässt sich im Gelenkwinkelraum folgendermaßen darstellen [87]:

$$\mathbf{M}_g(\vec{\theta})\ddot{\vec{\theta}} + \mathbf{C}_g(\vec{\theta},\dot{\vec{\theta}})\dot{\vec{\theta}} + \mathbf{G}_g(\vec{\theta}) + \mathbf{J}^T(\vec{\theta})\vec{F} = \vec{\tau} \tag{A.6}$$

Mit dem $6 \times 1$ Gelenkvektor $\vec{\theta}$, dem $6 \times 1$ Vektor $\vec{\tau}$ der Solldrehmomente, der $6 \times 6$ Massenträgheitsmatrix $\mathbf{M}_g(\vec{\theta})$, dem $6 \times 1$ Vektor $\mathbf{C}_g(\vec{\theta},\dot{\vec{\theta}})\dot{\vec{\theta}}$ der Coriolis- und Zentrifugalkräfte, dem $6 \times 1$ Vektor $\mathbf{G}_g(\vec{\theta})$ der Gravitationskraft, der $6 \times 6$ Jakobimatrix $\mathbf{J}^T(\vec{\theta})$ und dem $6 \times 1$ Vektor $\vec{F}$ der vom Roboter auf die Umgebung ausgeübten Kräfte und Momente.

#### Arbeitsraum

Im Arbeitsraum lässt sich das dynamische Modell eines Roboters folgendermaßen darstellen [74]:

$$\mathbf{M}_p(\vec{P})\ddot{\vec{P}} + \mathbf{C}_p(\vec{P},\dot{\vec{P}})\dot{\vec{P}} + \mathbf{G}_p(\vec{P}) = \vec{F} \tag{A.7}$$

Mit dem $6 \times 1$ Vektor der Position und Orientierung $\vec{P}$, der $6 \times 6$ Massenträgheitsmatrix $\mathbf{M}_p(\vec{P})$, dem $6 \times 1$ Vektor $\mathbf{C}_p(\vec{P},\dot{\vec{P}})\dot{\vec{P}}$ der Coriolis- und Zentrifugalkräfte, dem $6 \times 1$ Vektor $\mathbf{G}_p(\vec{P})$ der Gravitationskraft und der $6 \times 6$ Jakobimatrix $\mathbf{J}^T(\vec{P})$, dem $6 \times 1$ Vektor $\vec{F}$ der externen Kräfte und Momente.

# A.2 Mathematische Grundlagen

## A.2.1 Koordinatensysteme

Ein Koordinatensystem ist definiert durch die Position seines Ursprungs und die Richtung seiner Koordinatenachsen. Daher ist es im Arbeitsraum durch drei Richtungsvektoren ${}^{\mathrm{D}}\underline{\vec{e}}_x$, ${}^{\mathrm{D}}\underline{\vec{e}}_y$, ${}^{\mathrm{D}}\underline{\vec{e}}_z$ und einen Ortsvektor ${}^{\mathrm{D}}\underline{\vec{o}}_{\langle \mathrm{B} \rangle}$ darstellbar. Dies ist äquivalent zu der homogenen Matrix

$$
{}^{\mathrm{D}}\underline{\mathbf{M}}_{\langle \mathrm{B} \rangle} = \begin{pmatrix} {}^{\mathrm{D}}\underline{\vec{e}}_x & {}^{\mathrm{D}}\underline{\vec{e}}_z & {}^{\mathrm{D}}\underline{\vec{e}}_z & {}^{\mathrm{D}}\underline{\vec{o}}_{\langle \mathrm{B} \rangle} \end{pmatrix} = \begin{pmatrix} e_{x,x} & e_{y,x} & e_{z,x} & o_x \\ e_{x,y} & e_{y,y} & e_{z,y} & o_y \\ e_{x,z} & e_{y,z} & e_{z,z} & o_z \\ 0 & 0 & 0 & 1 \end{pmatrix}
$$

#### Darstellungskoordinatensystem

Das Darstellungskoordinatensystem definiert die Richtung der Koordinatenachsen und wird in der hier verwendeten Notation als Index links oben angegeben.

#### Bezugskoordinatensystem

Das Bezugskoordinatensystem bestimmt die Position des Ursprungs und wird in der hier verwendeten Notation als Index rechts unten in spitzen Klammern angegeben.

## A.2.2 Vektoren

Ein Vektor ist eine mathematische Größe, die als Strecke bestimmter Länge und Richtung definiert ist. Man unterscheidet zwischen Richtungsvektoren und Ortsvektoren. Richtungsvektoren haben nur eine Richtung und Länge, ihre Position ist im Raum nicht festgelegt. Ortsvektoren haben zusätzlich noch einen Ursprung, sodass ihre Position im Raum festgelegt ist. Beide Arten von Vektoren benötigen ein Darstellungskoordinatensystem $\mathbf{K}_D$, welches die Richtung der Koordinatenachsen festlegt. Dieses wird links oben angegeben (Beispiel ${}^{\mathrm{D}}\vec{v}$). Ortsvektoren benötigen zur Angabe des Ursprungs zusätzlich ein Bezugskoordinatensystem $\mathbf{K}_B$, welches rechts unten in spitzen Klammern angegeben wird (Beispiel ${}^{\mathrm{D}}\vec{o}_{\langle \mathrm{B} \rangle}$).

Es wird zwischen drei-, vier- und sechsdimensionalen Vektoren unterschieden. Dreidimensionale Vektoren liegen in einem dreidimensionalen Vektorraum. Beispiele hierfür sind kartesische Position $\vec{P}$, kartesische Orientierung $\vec{O}$, Kraft $\vec{F}$ und Moment $\vec{M}$. Vierdimensionale Vektoren sind die homogenen

Äquivalente der dreidimensionalen Vektoren und werden hier unterstrichen dargestellt (Beispiel ${}^{\mathrm{D}}\underline{\vec{v}}_{\langle\mathrm{B}\rangle}$). Richtungsvektoren enthalten eine Null als vierte Komponente (${}^{\mathrm{D}}\underline{\vec{r}} = \left[{}^{\mathrm{D}}\vec{r}^{T}, 0\right]^{T}$), während Ortsvektoren eine Eins an dieser Stelle enthalten (${}^{\mathrm{D}}\underline{\vec{o}}_{\langle\mathrm{B}\rangle} = \left[{}^{\mathrm{D}}\vec{o}^{T}_{\langle\mathrm{B}\rangle}, 1\right]^{T}$). Sechsdimensionale Vektoren entstehen durch die Kombination zweier dreidimensionaler Vektoren. Dies ist beispielsweise bei erweiterten Kraftvektoren $\vec{\vec{F}} = \left[\vec{F}^{T}, \vec{M}^{T}\right]^{T}$ (Kräfte und Momente) und erweiterten Positionsvektoren $\vec{\vec{P}} = \left[\vec{P}^{T}, \vec{O}^{T}\right]^{T}$ (Position und Orientierung) der Fall. Ein sechsdimensionaler Gelenkvektor $\vec{\theta}$ repräsentiert hingegen die Werte der sechs Gelenke des Roboters.

### A.2.3 Matrizen

Matrizen werden hier als Rotationsmatrizen, homogene Transformationsmatrizen und Frames verwendet.

#### Rotationsmatrizen

Rotation um x-Achse:

$$\mathbf{R}_x(\theta) = \begin{pmatrix} 1 & 0 & 0 \\ 0 & \cos\theta & -sin\theta \\ 0 & \sin\theta & \cos\theta \end{pmatrix}$$

bzw.

$$\underline{\mathbf{R}}_x(\theta) = \begin{pmatrix} 1 & 0 & 0 & 0 \\ 0 & \cos\theta & -sin\theta & 0 \\ 0 & \sin\theta & \cos\theta & 0 \\ 0 & 0 & 0 & 1 \end{pmatrix}$$

Rotation um y-Achse:

$$\mathbf{R}_y(\theta) = \begin{pmatrix} \cos\theta & 0 & \sin\theta \\ 0 & 1 & 0 \\ -\sin\theta & 0 & \cos\theta \end{pmatrix}$$

bzw.

$$\underline{\mathbf{R}}_y(\theta) = \begin{pmatrix} \cos\theta & 0 & \sin\theta & 0 \\ 0 & 1 & 0 & 0 \\ -\sin\theta & 0 & \cos\theta & 0 \\ 0 & 0 & 0 & 1 \end{pmatrix}$$

Rotation um y-Achse:

$$\mathbf{R}_z(\theta) = \begin{pmatrix} \cos\theta & -\sin\theta & 0 \\ \sin\theta & \cos\theta & 0 \\ 0 & 0 & 1 \end{pmatrix}$$

bzw.

$$\underline{\mathbf{R}}_z(\theta) = \begin{pmatrix} \cos\theta & -\sin\theta & 0 & 0 \\ \sin\theta & \cos\theta & 0 & 0 \\ 0 & 0 & 1 & 0 \\ 0 & 0 & 0 & 1 \end{pmatrix}$$

### Beliebige Orientierung

Es gibt zwei gebräuchliche Methoden um Orientierungen im Raum festzulegen: *Roll-Pitch-Yaw-Winkel* und *Eulerwinkel*. Bei Roll-Pitch-Yaw wird um die unverdrehten Originalachsen gedreht, d. h. zunächst um die x-Achse(Yaw), dann um die y-Achse (Pitch) und zuletzt um die z-Achse (Roll):

$$\mathbf{R}_{RPY}(\alpha, \beta, \gamma) = \mathbf{R}_z(\alpha) \cdot \mathbf{R}_y(\beta) \cdot \mathbf{R}_x(\gamma)$$

Bei der Angabe von Eulerwinkeln wird von mitgedrehten Achsen ausgegangen, d. h. Drehung um z, Drehung um y' und Drehung um z":

$$\mathbf{R}_{Euler}(\alpha, \beta, \gamma) = \mathbf{R}_z(\alpha) \cdot \mathbf{R}_{y'}(\beta) \cdot \mathbf{R}_{z''}(\gamma)$$

### Translationsmatrizen

Translationsmatrizen erzielen eine translatorische Transformation. Dies ist nur in homogenen Koordinaten durch eine Matrixoperation möglich:

$$\mathbf{T}_{Hx}(x, y, z) = \begin{pmatrix} 1 & 0 & 0 & x \\ 0 & 1 & 0 & y \\ 0 & 0 & 1 & z \\ 0 & 0 & 0 & 1 \end{pmatrix}$$

### Abbildungen

Abbildungen dienen zur Transformation von einem Ausgangskoordinatensystem $\mathbf{K}_A$ in ein Zielkoordinatensystem $\mathbf{K}_Z$. Sie enthalten im Allgemeinen einen translatorischen und einen rotatorischen Anteil: ${}^{\mathrm{Z}}_{\mathrm{A}}\underline{\mathbf{B}} = \left(\begin{array}{c|c} {}^{\mathrm{Z}}_{\mathrm{A}}\mathbf{R} & {}^{\mathrm{Z}}_{\mathrm{A}}\vec{t} \\ \hline \vec{0}^T & 1 \end{array}\right)$.

Zu beachten ist hier, dass bei Matrizen das Zielkoordinatensystem mit dem Darstellungskoordinatensystem (links oben) übereinstimmt, während es bei Vektoren vom Bezugskoordinatensystem (rechts unten in spitzen Klammern) repräsentiert wird.

### Frames

Frames dienen zur Bestimmung der Postion und Orientierung eines Punktes im kartesischen Raum. Dies ist entweder durch eine homogene 4x4-Matrix ${}^{\mathrm{D}}\underline{\mathbf{M}}_{\langle \mathrm{B} \rangle}$ oder durch einen sechsdimensionalen erweiterten Positionsvektors ${}^{\mathrm{D}}\vec{\vec{P}}_{\langle \mathrm{B} \rangle} = (x, y, z, a, b, c)^T$ möglich. Die Parameter $a$, $b$ und $c$ dienen zur Definition der RPY-Matrix. Prinzipiell ist auch die Benutzung von Euler-Winkeln denkbar, dies wird hier aber nicht verwendet.

# Anhang B

# Symbolverzeichnis

## B.1 Allgemeine Formelzeichen-Systematik

| | |
|---|---|
| ${}^{\mathrm{D}}\vec{v}$ | 3-dimensionaler Richtungsvektor mit Darstellkoordinatensystem $\mathbf{K}_D$ |
| ${}^{\mathrm{D}}\vec{v}_{\langle \mathrm{B} \rangle}$ | 3-dimensionaler Ortsvektor mit Bezugskoordinatensystem $\mathbf{K}_B$ und Darstellkoordinatensystem $\mathbf{K}_D$ |
| ${}^{\mathrm{D}}\underline{\vec{v}}$ | 4-dimensionaler homogener Richtungsvektor mit Darstellkoordinatensystem $\mathbf{K}_D$ |
| ${}^{\mathrm{D}}\underline{\vec{v}}_{\langle \mathrm{B} \rangle}$ | 4-dimensionaler hokmogener Ortsvektor mit Bezugskoordinatensystem $\mathbf{K}_B$ und Darstellkoordinatensystem $\mathbf{K}_D$ |
| $\vec{\vec{b}}$ | Raumtupel, $\vec{\vec{b}} = \left[\vec{b}^T_{trans}, \vec{b}^T_{rot}\right]^T$, (Sechser-Vektor bestehend aus translatorischen und rotatorischen Dreier-Richtungsvektor) |
| $\mathbf{B}$ | Matrix |
| $\underline{\mathbf{B}}$ | homogene Matrix |
| $\vec{b}^T$, $\mathbf{M}^T$ | transponierte Größen |
| $\mathbf{M}^{-1}$ | inverse Matrix |
| ${}^1_2\underline{\mathbf{B}}$ | lineare Abbildung von Koordinatensystem $\mathbf{K}_2$ nach $\mathbf{K}_1$ |
| ${}^1_2\underline{\mathbf{B}}^T$ | $= ({}^1_2\underline{\mathbf{B}})^T$ |
| ${}^1_2\underline{\mathbf{B}}^{-1}$ | $= ({}^1_2\underline{\mathbf{B}})^{-1}$ |
| ${}^1_2\underline{\mathbf{B}}^{-T}$ | $= ({}^1_2\underline{\mathbf{B}}^{-1})^T = ({}^1_2\underline{\mathbf{B}}^T)^{-1}$ |

## B.2 Indizes

### B.2.1 Links hochgestellte Indizes

Die Indizes links oben beschreiben das Darstellkoordinatensystem. Folgende Koordinatensysteme werden verwendet:

| | |
|---|---|
| 0 | RoboterFußkoordinaten |
| B | Basiskoordinaten |
| F | Flanschkoordinaten |
| S | Sensorkoordinaten |
| T | Werkzeug(Tool)-koordinaten |
| V | virtuelle Sensorkoordinaten |
| W | Weltkoordinatensystem des Kamerasystems |

### B.2.2 Links tiefgestellte Indizes

Die Indizes links unten beschreiben das Zielkoordinatensystem bei linearen Abbildungen.

### B.2.3 Rechts tiefgestellte Indizes

Die Indizes rechts unten haben unterschiedliche Bedeutungen. Steht der Index in spitzen Klammern, dann gibt dieser das Bezugskoordinatensystem an:

$_{\langle B \rangle}$ „bezüglich B“ (Bezugskoordinaten)

Weitere werden im nachfolgenden Abschnitt B.3 beschrieben.

## B.3 Mathematische und physikalische Größen

### B.3.1 Lateinische Kleinbuchstaben

| | |
|---|---|
| $\vec{\vec{c}}_f$ | Frequenzfaktoren zur Modifikation der Frequenzen in den einzelnen kartesischen Dimensionen der sinusförmigen Prüfbewegung: $\vec{\vec{c}}_f = [c_{f,x}, c_{f,y}, c_{f,z}, c_{f,a}, c_{f,b}, c_{f,c}]^T$ |
| $\vec{\vec{c}}_p$ | Phasenfaktoren zur Modifikation der Phase in den einzelnen kartesischen Dimensionen der sinusförmigen Prüfbewegung; $\vec{\vec{c}}_p = [c_{p,x}, c_{p,y}, c_{p,z}, c_{p,a}, c_{p,b}, c_{p,c}]^T$ |
| $f_{orig}$ | Originalbasisfrequenz einer sinusförmigen Prüfbewegung |
| $f_{soll}$ | Gerundete Sollbasisfrequenz einer sinusförmigen Prüfbewegung |

| | |
|---|---|
| $n_j$ | Anzahl der Stützpunkte einer freien Bewegung |
| $n_k$ | Anzahl der Messungen des Motion Capturing Systems |
| $n_m$ | Anzahl der Messungen der Sensormatten |
| $p_s(t_m)$ | gemessener Druck von Sensor $s$ zum Zeitpunkt $t_m$ |
| $t_{ist,j}$ | Istzeit von Stützpunkt $j$ der freien Bewegung |
| $t_j$ | Zeitpunkt von Bahnpunkt $j$ der freien Bewegung |
| $t_{j,i}$ | Zeitpunkt von Extremum $j$ in Dimension $i$ der sinusförmigen Bewegung |
| $t_k$ | Messzeitpunkt $k$ des Motion Capturing Systems |
| $t_m$ | Messzeitpunkt $m$ der Sensormatten |
| $t_{orig,j}$ | Originalzeit von Stützpunkt $j$ der freien Bewegung |
| $t_p$ | Zeitpunkt von Interpolationstakt $p$ |
| $t_{soll,j}$ | Sollzeit von Stützpunkt $j$ der freien Bewegung |
| ${}^{\mathrm{S}}_{\mathrm{E}}\vec{v}$ | Ortsvektor zum Schwerpunkt im Sensorkoordinatensystem |

## B.3.2 Lateinische Großbuchstaben

| | |
|---|---|
| $A_s$ | Fläche von Sensor $s$ der Sensormatte |
| $D_{B_o}$ | konstanter Abstand des Markierung am oberen Ende des Brustkorbes zur Ebene des Oberkörpers. |
| $D_{B_u}$ | konstanter Abstand des Markierung am unteren Ende des Brustkorbes zur Ebene des Oberkörpers. |
| $D_{S_l}$ | konstanter Abstand des Markierung an der linken Schulter zur Ebene des Oberkörpers. |
| $\vec{F}_{...}$ | erste Hälfte von $\vec{\vec{F}}_{...}$ |
| $\vec{\vec{F}}$ | Kraft-/Momenten-Raumtupel $\left[\vec{F}^T, \vec{M}^T\right]^T$, kurz: Kraftvektor |
| $\vec{\vec{F}}_a$ | äußere Kräfte und Momente |
| $\vec{F}_G$ | Gewichtskraft des Endeffektors |
| $\vec{\vec{F}}_i$ | innere Kräfte und Momente |
| $\vec{\vec{F}}_{ist\langle \mathrm{S}\rangle}$ | äußere Kräfte und Momente |
| $\vec{\vec{F}}_m$ | Gemessene Kräfte und Momente ohne rechnerische Kompensation |
| $\vec{\vec{F}}_{o\langle \mathrm{S}\rangle}$ | Istkraftanzeige im Sensormesszentrum aufgrund sensorischem Analog-Offset, ohne Eigengewichtsanteile |

| | |
|---|---|
| $F_R(t_m)$ | auf der Rückenlehne gemessene eindimensionale Kraft zum Zeitpunkt $t_m$ |
| $F_S(t_m)$ | auf der Sitzfläche gemessene eindimensionale Kraft zum Zeitpunkt $t_m$ |
| $\mathbf{J}(\vec{\theta})$ | von der Gelenkstellung $\vec{\theta}$ abhängige Jakobimatrix |
| $\underline{\mathbf{K}}_{OS_l}(t)$ | Zeitveränderliches Koordinatensystem des linken Oberschenkels |
| $\underline{\mathbf{K}}_{OS_r}(t)$ | Zeitveränderliches Koordinatensystem des rechten Oberschenkels |
| $\underline{\mathbf{K}}_{OS}(t)$ | Zeitveränderliches Koordinatensystem der beiden Oberschenkel |
| $\underline{\mathbf{K}}_{OK}(t)$ | Zeitveränderliches Koordinatensystem des Oberkörpers |
| $\vec{M}_{...}$ | zweite Hälfte von $\vec{\vec{F}}_{...}$ |
| $M_R$ | Menge der Sensoren der Sensormatte auf der Rückenfläche des Sitzes |
| $M_S$ | Menge der Sensoren der Sensormatte auf der Sitzfläche des Sitzes |
| $\vec{\vec{P}}_{A,orig}$ | Originalamplituden der einzelnen kartesischen Dimensionen der sinusförmigen Prüfbewegung |
| $\vec{\vec{P}}_{ist}(t)$ | vom Robotersystem ausgeführte kartesische Istbahn einer Prüfung |
| ${}^{\mathrm{W}}\vec{P}_{m\langle\mathrm{W}\rangle}(\mathrm{t})$ | zeitveränderlicher Ortsvektor im Weltkoordinatensystem zur Markierung $m \in \{H_r, H_l, S_r, S_l, K_{rr}, K_{rl}, K_{lr}, K_{ll}, B_o, B_u\}$ |
| $\vec{\vec{P}}_{M,orig}$ | Originalmittelpunkt in den einzelnen kartesischen Dimensionen der sinusförmigen Prüfbewegung |
| $\vec{\vec{P}}_{mod}(t)$ | Durch Offsets modifizierte kartesische Sollbahn einer Prüfung |
| $\vec{\vec{P}}_{mod,j,i}(t)$ | Halbschwingung einer sinusförmigen Bewegung in Dimension $i$ zwischen den beiden Extrema $j$ und $j+1$ im Zeitintervall $(t_{j,i}, t_{j+1,i}]$ |
| $\mathbf{P}_{off}$ | Matrix mit den Offsets für die Extrempunkte der sinusförmigen Prüfbewegung in den einzelnen kartesischen Dimensionen |

| | |
|---|---|
| $P_{off,j,i}$ | Offset von Extremum $j$ in der kartesischen Dimension $i$ einer sinusförmigen Bewegung |
| $\vec{\vec{P}}_{orig}(t)$ | Kartesische Originalbahn einer Prüfung |
| $\vec{\vec{P}}_{soll}(t)$ | Kartesische Sollbahn einer Prüfung |
| ${}^j_i\mathbf{R}$ | 3x3-Drehmatrix (Rotationsmatrix) von Frame i nach j |
| $\vec{\vec{S}}(\mathrm{t})$ | sechsdimensionaler Interpolationsspline der Gelenkwerte bei freien Bewegungen $[S_1(t), \ldots, S_6(t)]^T$ |
| $S_i(t)$ | Interpolationsspline für Gelenk $i$ bei freien Bewegungen |
| $S_{j,i}(t)$ | Kubischer Teilspline für Gelenk $i$ von Punkt $j$ zu Punkt $j+1$ bei freien Bewegungen: $S_{j,i}(t) = a_{j,i} + b_{j,i}(t - t_j) + c_{j,i}(t - t_j)^2 + d_{j,i}(t - t_j)^3, t \in [t_j, t_{j+1}]$ |
| $T_{orig}$ | Originaldauer eines Prüfzyklus |
| $T_{soll}$ | Angepasste Solldauer eines Prüfzyklus |

### B.3.3 Griechische Buchstaben

| | |
|---|---|
| $\Delta T$ | Dauer eines Interpolationstaktes des Roboters |
| $\Delta T_{orig,ist}(j)$ | Differenz zwischen der Originalzeit und der Istzeit bei Stützpunkt $j$ |
| $\Delta T_{orig,soll}(j)$ | Differenz zwischen der Originalzeit und der berechneten Sollzeit bei Stützpunkt $j$ |
| $\Delta T_{soll,ist}(j)$ | Differenz zwischen der berechneten Sollzeit und der Istzeit bei Stützpunkt $j$ |
| $\vec{\theta}$ | 6-dim. Gelenkwinkelvektor $[\theta_1, \theta_2, \theta_3, \theta_4, \theta_5, \theta_6]^T$ |
| $\dot{\vec{\theta}}$ | 6-dim. Gelenkgeschwindigkeitsvektor |
| $\ddot{\vec{\theta}}$ | 6-dim. Gelenkbeschleunigungsvektor |
| $\vec{\theta}_m(t_p)$ | gemessene Gelenkstellung in Interpolationstakt $t_p$ |
| $\vec{\theta}_{soll}(t_p)$ | Sollgelenkstellung in Interpolationstakt $t_p$ |
| $(\theta_i)_{max}$ | oberes Positionslimit von Gelenk $i$ |
| $(\theta_i)_{min}$ | unteres Positionslimit von Gelenk $i$ |
| $\left(\dot{\theta}_i\right)_{max}$ | Geschwindigkeitslimit von Gelenk $i$ |
| $\left(\ddot{\theta}_i\right)_{max}$ | Beschleunigungslimit von Gelenk $i$ |

# Anhang C

# Einhaltung der Limits

Die grundlegende Vorgehensweise zur Einhaltung der Geschwindigkeits- und Beschleunigungslimits wurde schon in Kapitel 5 vorgestellt, während hier nun die genaue analytische Vorgehensweise detailliert beschrieben wird. Die aufgestellten Bedingungen für die neu zu bestimmende Endzeit $t_E^*$ lauten:

**(1)** $t_{L,j,i}(t_E^*) \notin [t_{soll,j}, t_E^*] \vee \left(t_{L,j,i}(t_E^*) \in (t_{soll,j}, t_E^*) \wedge \left|\dot{\theta}_{L,j,i}(t_E^*)\right| \leq \left(\dot{\theta}_i\right)_{max}\right)$

**(2)** $\left|\ddot{\theta}_{A,j,i}(t_E^*)\right| \leq \left(\ddot{\theta}_i\right)_{max}$

**(3)** $\left|\ddot{\theta}_{E,j,i}(t_E^*)\right| \leq \left(\ddot{\theta}_i\right)_{max}$

**(4)** $t_E^* > t_{soll,j}$

Für die weiteren Berechnungen werden die Gleichungen 5.20, 5.21, 5.22 und 5.23 für Spline $j$ mit Anfangszeit $t_{soll,j}$ und neu zu bestimmender Endzeit $t_E^*$ in Dimension $i$ benötigt, wobei $h_j^* = t_E^* - t_{soll,j}$:

$$a_{j,i} = \theta_{j,i} \tag{C.1}$$

$$b_{j,i} = \dot{\theta}_{A,j,i} \tag{C.2}$$

$$c_{j,i} = \frac{3 \cdot (\theta_{j+1,i} - \theta_{j,i}) - \left(2 \cdot \dot{\theta}_{j,i} + \dot{\theta}_{j+1,i}\right) \cdot h_j^*}{h_j^{*2}} \tag{C.3}$$

$$d_{j,i} = \frac{2 \cdot (\theta_{j,i} - \theta_{j+1,i}) + \left(\dot{\theta}_{j,i} + \dot{\theta}_{j+1,i}\right) \cdot h_j^*}{h_j^{*3}} \tag{C.4}$$

Weiterhin wird die Splinegeschwindigkeitsgleichung 5.10 und die Splinebeschleunigungsgleichung 5.11 benötigt:

$$\dot{S}_{j,i}(t) = b_{j,i} + 2 \cdot c_{j,i}(t - t_{soll,j}) + 3 \cdot d_{j,i}(t - t_{soll,j})^2 \tag{C.5}$$

$$\ddot{S}_{j,i}(t) = 2 \cdot c_{j,i} + 6 \cdot d_{j,i}(t - t_{soll,j}) \tag{C.6}$$

## C.1 Untersuchung von Bedingung (1)

Die Betrachtung von Randbedingung (1) führt zu der Menge $M_{1,j}(i)$, welche alle Werte $t_E^*$ enthält, die diese erfüllen. Sie lässt sich als Vereinigung der beiden Mengen $M_{t_L,j}(i)$ und $M_{vel_L,j}(i)$ darstellen, welche jeweils einen Teil der Bedingung (1) erfüllen und folgendermaßen festgelegt sind:

$$M_{t_L,j}(i) = \{t_E^* : t_{L,j,i}(t_E^*) \leq t_{soll,j} \vee t_{L,j,i}(t_E^*) \geq t_E^*\} \tag{C.7}$$

$$M_{vel_L,j}(i) = \left\{t_E^* : |\dot{\theta}_{L,j,i}(t_E^*)| \leq \left(\dot{\theta}_i\right)_{max}\right\} \tag{C.8}$$

### C.1.1 Bestimmung der Menge $M_{t_L,j}(i)$

Für die Bestimmung der Menge $M_{t_L,j}(i)$ wird die Zeit $t_{L,j,i}$ des lokalen Extremums benötigt, welche sich aus der hinreichenden Bedingung $\ddot{S}_{j,i}(t_{L,j,i}) = 0$ für lokale Extremas ermitteln lässt. Hierzu werden zunächst die berechneten Lösungen der Parameter aus den Gleichungen (C.1), (C.2), (C.3) und (C.4) in die Splinebeschleunigungsgleichung (C.6) eingesetzt. Somit erhält man die Gleichung der Splinebeschleunigung in Abhängigkeit von $t_E^*$:

$$\begin{aligned}\ddot{S}_{j,i}(t) = &-\frac{(4\dot{\theta}_{A,j,i} + 2\dot{\theta}_{E,j,i})}{(t_E^* - t_{soll,j})} \\ &+ \frac{6\left((\dot{\theta}_{A,j,i} + \dot{\theta}_{E,j,i})(t - t_{soll,j}) + \theta_{j+1,i} - \theta_{j,i}\right)}{(t_E^* - t_{soll,j})^2} \\ &+ \frac{12(\theta_{j,i} - \theta_{j+1,i})(t - t_{soll,j})}{(t_E^* - t_{soll,j})^3}\end{aligned} \tag{C.9}$$

Durch Einsetzen der hinreichenden Bedingung in diese Gleichung (C.9), und unter Verwendung von $h_j^* = t_E^* - t_{soll,j}$ erhält man die Zeit des lokalem Extremums:

$$t_{L,j,i} = t_{soll,j} + \frac{(2\dot{\theta}_{A,j,i} + \dot{\theta}_{E,j,i})h_j^{*2} + 3\left(\theta_{j,i} - \theta_{j+1,i}\right)h_j^*}{3\left((\dot{\theta}_{A,j,i} + \dot{\theta}_{E,j,i})h_j^* + 2(\theta_{j,i} - \theta_{j+1,i})\right)} \tag{C.10}$$

Nun müssen folgende Ungleichungen gelöst werden

$$t_{L,j,i} \leq t_{soll,j} \tag{C.11}$$

$$t_{L,j,i} \geq t_E^* \tag{C.12}$$

Durch Einsetzen in Gleichung (C.10) und Umformen erhält man jeweils

$$\frac{(2\dot{\theta}_{A,j,i} + \dot{\theta}_{E,j,i})h_j^{*2} + 3\,(\theta_{j,i} - \theta_{j+1,i})\,h_j^*}{3\left((\dot{\theta}_{A,j,i} + \dot{\theta}_{E,j,i})h_j^* + 2(\theta_{j,i} - \theta_{j+1,i})\right)} \leq 0 \tag{C.13}$$

$$\frac{(\dot{\theta}_{A,j,i} + 2\dot{\theta}_{E,j,i})h_j^{*2} + 3\,(\theta_{j,i} - \theta_{j+1,i})\,h_j^*}{3\left((\dot{\theta}_{A,j,i} + \dot{\theta}_{E,j,i})h_j^* + 2(\theta_{j,i} - \theta_{j+1,i})\right)} \leq 0 \tag{C.14}$$

Der Nenner ist bei beiden Ungleichungen identisch, während die Zähler leicht unterschiedlich sind. Die Lösungen der Ungleichungen erhält man durch Vorzeichenbetrachtung des Nenners und der Zähler.

### Untersuchung des Nenners $N_{t_{L,j,i}}$

Zunächst wird beim Nenner $N_{t_{L,j,i}}$ der beiden Gleichungen (C.13) und (C.14) unterschieden, ob er größer, kleiner oder gleich Null ist.

$$N_{t_{L,j,i}} = 3\left((\dot{\theta}_{A,j,i} + \dot{\theta}_{E,j,i})h_j^* + 2(\theta_{j,i} - \theta_{j+1,i})\right) \tag{C.15}$$

**Fall N0:** $N_{t_{L,j,i}} = 0$

Vergleicht man Gleichung (C.15) mit Gleichung (C.4) von Parameter $d_{j,i}$, so erkennt man, dass folgender Zusammenhang besteht:

$$N_{t_{L,j,i}} = 0 \Rightarrow d_{j,i} = 0 \tag{C.16}$$

Hieraus folgt, dass die Beschleunigung gleich Null, und somit die notwendige Bedingung $\frac{d}{dt}\ddot{S}_{j,i} = 6d_{j,i} \neq 0$ für ein lokales Extremum der Geschwindigkeit nicht erfüllt ist. In diesem Fall existiert also kein lokales Extremum der Geschwindigkeit und daher ist die Zeit $t_E^*$, welche den Nenner zu Null macht, ein gültiger Wert in der Menge $M_{t_L,j}(i)$. Zu beachten ist hierbei der Ausnahmefall, bei dem die Anfangs- und Endgeschwindigkeit gleich Null ist. Da keine Beschleunigung vorliegt, wird keine Bewegung ausgeführt und man erhält damit auch keine Lösung für $t_E^*$.

$$N_{t_{L,j,i}} = 0 \Leftrightarrow \left[\ (\dot{\theta}_{A,j,i} + \dot{\theta}_{E,j,i} \neq 0) \quad \wedge \quad t_E^* = \tfrac{2(\theta_{j+1,i} - \theta_{j,i})}{\dot{\theta}_{A,j,i} + \dot{\theta}_{E,j,i}} + t_{soll,j}\ \right] \tag{C.17}$$

**Fall N1:** $N_{t_{L,j,i}} > 0$

Die Auflösung dieser Ungleichung führt, nach einigen Fallunterscheidungen, zu folgender Äquivalenz:

$$N_{t_{L,j,i}} > 0 \Leftrightarrow \left[\begin{array}{l} \left((\dot{\theta}_{A,j,i} + \dot{\theta}_{E,j,i} = 0) \;\wedge\; (\theta_{j,i} > \theta_{j+1,i})\right) \\ \vee\left((\dot{\theta}_{A,j,i} + \dot{\theta}_{E,j,i} > 0) \;\wedge\; \left(t_E^* > t_{soll,j} - 2\frac{\theta_{j,i}-\theta_{j+1,i}}{\dot{\theta}_{A,j,i}+\dot{\theta}_{E,j,i}}\right)\right) \\ \vee\left((\dot{\theta}_{A,j,i} + \dot{\theta}_{E,j,i} < 0) \;\wedge\; \left(t_E^* < t_{soll,j} - 2\frac{\theta_{j,i}-\theta_{j+1,i}}{\dot{\theta}_{A,j,i}+\dot{\theta}_{E,j,i}}\right)\right) \end{array}\right] \tag{C.18}$$

**Fall N2:** $N_{t_{L,j,i}} < 0$

Analog zu Fall N1 erhält man folgende Äquivalenz:

$$N_{t_{L,j,i}} < 0 \Leftrightarrow \left[\begin{array}{l} \left((\dot{\theta}_{A,j,i} + \dot{\theta}_{E,j,i} = 0) \;\wedge\; (\theta_{j,i} < \theta_{j+1,i})\right) \\ \vee\left((\dot{\theta}_{A,j,i} + \dot{\theta}_{E,j,i} > 0) \;\wedge\; \left(t_E^* < t_{soll,j} - 2\frac{\theta_{j,i}-\theta_{j+1,i}}{\dot{\theta}_{A,j,i}+\dot{\theta}_{E,j,i}}\right)\right) \\ \vee\left((\dot{\theta}_{A,j,i} + \dot{\theta}_{E,j,i} < 0) \;\wedge\; \left(t_E^* > t_{soll,j} - 2\frac{\theta_{j,i}-\theta_{j+1,i}}{\dot{\theta}_{A,j,i}+\dot{\theta}_{E,j,i}}\right)\right) \end{array}\right] \tag{C.19}$$

**Untersuchung des Zählers** $Z_{t_{L,j,i},t_A}$

Nun wird der Zähler $Z_{t_{L,j,i},t_A}$ von Gleichung (C.13) untersucht:

$$Z_{t_{L,j,i},t_A} = (2\dot{\theta}_{A,j,i} + \dot{\theta}_{E,j,i})h_j^{*2} + 3\,(\theta_{j,i} - \theta_{j+1,i})\,h_j^* \tag{C.20}$$

**Fall Z1.0:** $Z_{t_{L,j,i},t_A} = 0$

Diese Gleichung hat zwei Lösungen. Die erste, $t_E^* = t_{soll,j}$ scheidet wegen Bedingung (4) aus, da die Zeit des Splines größer als Null sein muss. Die zweite lautet

$$t_{E,2}^* = \frac{3\,(\theta_{j+1,i} - \theta_{j,i})}{(2\dot{\theta}_{A,j,i} + \dot{\theta}_{E,j,i})} + t_{soll,j} \tag{C.21}$$

Somit erhält man folgende Äquivalenz:

$$Z_{t_{L,j,i},t_A} = 0 \Leftrightarrow \left[\; (2\dot{\theta}_{A,j,i} + \dot{\theta}_{E,j,i} \neq 0) \;\wedge\; \left(t_E^* = \frac{3(\theta_{j+1,i}-\theta_{j,i})}{(2\dot{\theta}_{A,j,i}+\dot{\theta}_{E,j,i})} + t_{soll,j}\right) \;\right] \tag{C.22}$$

**Fall Z1.1:** $Z_{t_{L,j,i},t_A} > 0$

Die Auflösung dieser Ungleichung führt, nach einigen Fallunterscheidungen zu

$$Z_{t_{L,j,i},t_A} > 0 \Leftrightarrow \left[ \begin{array}{l} \Big((2\dot{\theta}_{A,j,i} + \dot{\theta}_{E,j,i} = 0) \quad \wedge \quad (3\theta_{j,i} > \theta_{j+1,i})\Big) \\ \vee\Big((2\dot{\theta}_{A,j,i} + \dot{\theta}_{E,j,i} > 0) \quad \wedge \quad \Big(t_E^* > \frac{3(\theta_{j+1,i}-\theta_{j,i})}{2\dot{\theta}_{A,j,i}+\dot{\theta}_{E,j,i}} + t_{soll,j}\Big)\Big) \\ \vee\Big((2\dot{\theta}_{A,j,i} + \dot{\theta}_{E,j,i} < 0) \quad \wedge \quad \Big(t_E^* < \frac{3(\theta_{j+1,i}-\theta_{j,i})}{2\dot{\theta}_{A,j,i}+\dot{\theta}_{E,j,i}} + t_{soll,j}\Big)\Big) \end{array} \right] \tag{C.23}$$

**Fall Z1.2:** $Z_{t_{L,j,i},t_A} < 0$

Analog erhält man bei der Lösung dieser Ungleichung folgendes Ergebnis

$$Z_{t_{L,j,i},t_A} < 0 \Leftrightarrow \left[ \begin{array}{l} \Big((2\dot{\theta}_{A,j,i} + \dot{\theta}_{E,j,i} = 0) \quad \wedge \quad (3\theta_{j,i} < \theta_{j+1,i})\Big) \\ \vee\Big((2\dot{\theta}_{A,j,i} + \dot{\theta}_{E,j,i} > 0) \quad \wedge \quad \Big(t_E^* < \frac{3(\theta_{j+1,i}-\theta_{j,i})}{2\dot{\theta}_{A,j,i}+\dot{\theta}_{E,j,i}} + t_{soll,j}\Big)\Big) \\ \vee\Big((2\dot{\theta}_{A,j,i} + \dot{\theta}_{E,j,i} < 0) \quad \wedge \quad \Big(t_E^* > \frac{3(\theta_{j+1,i}-\theta_{j,i})}{2\dot{\theta}_{A,j,i}+\dot{\theta}_{E,j,i}} + t_{soll,j}\Big)\Big) \end{array} \right] \tag{C.24}$$

Die Elemente der Menge $M_{t_L,j}(i)$, welche nur die Bedingung $t_{L,j,i}(t_E^*) \le t_{soll,j}$ erfüllen, lassen sich dadurch bestimmen, dass der Zähler $Z_{t_{L,j,i},t_A}$ gleich Null, oder entweder der Zähler oder der Nenner kleiner als Null ist. Somit muss folgende Bedingung erfüllt sein:

$$t_{L,j,i}(t_E^*) \le t_{soll,j} \Leftrightarrow \left[ \begin{array}{l} (Z_{t_{L,j,i},t_A} = 0) \\ \vee(N_{t_{L,j,i}} > 0 \wedge Z_{t_{L,j,i},t_A} < 0) \\ \vee(N_{t_{L,j,i}} < 0 \wedge Z_{t_{L,j,i},t_A} > 0) \end{array} \right] \tag{C.25}$$

### Untersuchung des Zählers $Z_{t_{L,j,i},t_E}$

Analog hierzu muss mit dem Zähler $Z_{t_{L,j,i},t_E}$ von Gleichung (C.14) verfahren werden. Dieser unterscheidet sich von dem gerade untersuchten Zähler $Z_{t_{L,j,i},t_A}$ nur dadurch, dass die Anfangsgeschwindigkeit $\dot{\theta}_{A,j,i}$ und die Endgeschwindigkeit $\dot{\theta}_{E,j,i}$ vertauscht sind. Dies führt dazu, dass dies auch für die Bedingungen $(Z_{t_{L,j,i},t_E} = 0)$, $(Z_{t_{L,j,i},t_E} < 0)$ und $(Z_{t_{L,j,i},t_E} > 0)$ zutrifft. Insofern ist der Lösungsweg derselbe wie beim Zähler $Z_{t_{L,j,i},t_A}$ und wird daher nicht nochmals dargestellt. Man erhält als Ergebnis schließlich folgende Bedingung:

$$t_{L,j,i}(t_E^*) \ge t_E^* \Leftrightarrow \left[ \begin{array}{l} (Z_{t_{L,j,i},t_E} = 0) \\ \vee(N_{t_{L,j,i}} > 0 \wedge Z_{t_{L,j,i},t_E} < 0) \\ \vee(N_{t_{L,j,i}} < 0 \wedge Z_{t_{L,j,i},t_E} > 0) \end{array} \right] \tag{C.26}$$

Somit bilden alle Werte von $t_E^*$, welche eine der drei Bedingungen (C.17), (C.25) bzw. (C.26) erfüllen, die Menge $M_{t_L,j}(i)$:

$$M_{t_L,j}(i) = \left\{t_E^* : N_{t_{L,j,i}} \vee (t_{L,j,i}(t_E^*) \leq t_{soll,j}) \vee (t_{L,j,i}(t_E^*) \geq t_E^*)\right\} \qquad \text{(C.27)}$$

### C.1.2 Bestimmung der Menge $M_{vel_L,j}(i)$

Nun wird mit der Bestimmung der Menge $M_{vel_L,j}(i)$ fortgefahren. Hierzu wird die Gleichung der Splinegeschwindigkeit benötigt. Diese erhält man durch Einsetzen der berechneten Lösungen der Parameter aus den Gleichungen (C.1), (C.2), (C.3) und (C.4) in Gleichung (C.5) der Splinegeschwindigkeit.

$$\begin{aligned}\dot{S}_{j,i}(t) = \dot{\theta}_{A,j,i} &- \frac{(4\dot{\theta}_{A,j,i} + 2\dot{\theta}_{E,j,i})(t - t_{soll,j})}{(t_E^* - t_{soll,j})} \\ &+ \frac{3(\dot{\theta}_{A,j,i} + \dot{\theta}_{E,j,i})(t - t_{soll,j})^2 + 6(\theta_{j+1,i} - \theta_{j,i})(t - t_{soll,j})}{(t_E^* - t_{soll,j})^2} \\ &+ \frac{6(\theta_{j,i} - \theta_{j+1,i})(t - t_{soll,j})^2}{(t_E^* - t_{soll,j})^3}\end{aligned} \qquad \text{(C.28)}$$

Durch Einsetzen der Zeit des lokalem Extremums aus Gleichung (C.10) erhält man

$$\begin{aligned}\dot{\theta}_{L,j,i} = \dot{S}_{j,i}(t_{L,j,i}) = &\frac{1}{-3\left((\dot{\theta}_{E,j,i} + \dot{\theta}_{A,j,i})h_j^{*2} + 2(\theta_{j,i} - \theta_{j+1,i})h_j^*\right)} \\ &\cdot \Big[(\dot{\theta}_{A,j,i}\dot{\theta}_{E,j,i} + \dot{\theta}_{E,j,i}^2 + \dot{\theta}_{A,j,i}^2)h_j^{*2} \\ &+ 6(\dot{\theta}_{A,j,i} + \dot{\theta}_{E,j,i})(\theta_{j,i} - \theta_{j+1,i})h_j^* + 9(\theta_{j,i} - \theta_{j+1,i})^2\Big]\end{aligned} \qquad \text{(C.29)}$$

Durch eine ähnliche analytische Vorgehensweise, wie bei der Bestimmung der Zeit des lokalen Extremums, werden zunächst die Werte von $t_E^*$ bestimmt, für die diese Gleichung einen Wert liefert, welcher kleiner als das Geschwindigkeitslimit ist:

$$M_{vel_L,j,1}(i) = \left\{t_E^* : \dot{\theta}_{L,j,i}(t_E^*) \leq \left(\dot{\theta}_i\right)_{max}\right\} \qquad \text{(C.30)}$$

Anschließend wird für negative Geschwindigkeiten noch das untere Limit überprüft und man erhält folgende Menge:

$$M_{vel_L,j,2}(i) = \left\{t_E^* : -\dot{\theta}_{L,j,i}(t_E^*) \leq \left(\dot{\theta}_i\right)_{max}\right\} \qquad \text{(C.31)}$$

Aus Gründen der Übersichtlichkeit wird dies nicht im Detail vorgestellt. Die gesuchte Menge $M_{vel_L,j}(i)$ ergibt sich schließlich aus dem Schnitt dieser beiden Mengen:

$$M_{vel_L,j}(i) = M_{vel_L,j,1}(i) \cap M_{vel_L,j,2}(i) \tag{C.32}$$

Die Vereinigung der Mengen $M_{t_L,j}(i)$ und $M_{vel_L,j}(i)$ enthält damit alle Werte $t_E^*$, welche Randbedingung (1) für Gelenk $i$ erfüllen:

$$M_{1,j}(i) = M_{t_L,j}(i) \cup M_{vel_L,j}(i) \tag{C.33}$$

# C.2 Untersuchung von Bedingung (2)

Zur Einhaltung von Bedingung (2) muss die Beschleunigung $\ddot{\theta}_{A,j,i}$ zur Anfangszeit betrachtet werden. Diese erhält man durch Einsetzen der Zeit $t_{soll,j}$ in Gleichung (C.9):

$$\ddot{\theta}_{A,j,i} = \ddot{S}_{j,i}(t_{soll,j}) = -\frac{(4\dot{\theta}_{A,j,i} + 2\dot{\theta}_{E,j,i})h_j^* + 6(\theta_{j,i} - \theta_{j+1,i})}{h_j^{*2}} \tag{C.34}$$

Berechnet man nun die Zeitpunkte an denen $\ddot{\theta}_{A,j,i}(h_j^*) \leq \left(\ddot{\theta}_i\right)_{max}$ gilt, so führt dies zu folgender Ungleichung.

$$\left(\ddot{\theta}_i\right)_{max} h_j^{*2} + (4\dot{\theta}_{A,j,i} + 2\dot{\theta}_{E,j,i})h_j^* + 6(\theta_{j,i} - \theta_{j+1,i}) \geq 0 \tag{C.35}$$

Die korrespondierende Gleichung lautet

$$\left(\ddot{\theta}_i\right)_{max} h_j^{*2} + (4\dot{\theta}_{A,j,i} + 2\dot{\theta}_{E,j,i})h_j^* + 6(\theta_{j,i} - \theta_{j+1,i}) = 0 \tag{C.36}$$

Diese quadratische Gleichung kann maximal zwei Lösungen $h_{j,1}^*$ und $h_{j,2}^*$ besitzen:

$$\begin{aligned} h_{j,1}^* &= \frac{-(2\dot{\theta}_{A,j,i}+\dot{\theta}_{E,j,i})+\sqrt{(2\dot{\theta}_{A,j,i}+\dot{\theta}_{E,j,i})^2-6\left(\ddot{\theta}_i\right)_{max}(\theta_{j,i}-\theta_{j+1,i})}}{\left(\ddot{\theta}_i\right)_{max}} \\ h_{j,2}^* &= \frac{-(2\dot{\theta}_{A,j,i}+\dot{\theta}_{E,j,i})-\sqrt{(2\dot{\theta}_{A,j,i}+\dot{\theta}_{E,j,i})^2-6\left(\ddot{\theta}_i\right)_{max}(\theta_{j,i}-\theta_{j+1,i})}}{\left(\ddot{\theta}_i\right)_{max}} \end{aligned} \tag{C.37}$$

Die genaue Anzahl der Lösungen wird von dem Ausdruck unter der Wurzel bestimmt:

$$r = (2\dot{\theta}_{A,j,i} + \dot{\theta}_{E,j,i})^2 - 6\left(\ddot{\theta}_i\right)_{max}(\theta_{j,i} - \theta_{j+1,i}) \tag{C.38}$$

Ist dieser kleiner oder gleich Null, so gibt es keine bzw. nur eine Lösung, andernfalls gibt es genau zwei. Wegen $\left(\ddot{\theta}_i\right)_{max} > 0$ ist die Parabel nach oben geöffnet. Wenn es zwei Lösungen gibt, dann sind die Werte zwischen diese keine Lösung der Ungleichung (C.35), während andererseits alle anderen Werte diese Ungleichung lösen. Im Fall von keiner oder einer Lösung erfüllen hingegen alle Werte die Ungleichung. Somit lautet die Bedingung für die Werte, die zu einer Anfangsbeschleunigung führen, die kleiner oder gleich dem oberen Beschleunigungslimit ist folgendermaßen:

$$\ddot{\theta}_{A,j,i}(t_E^*) \leq \left(\ddot{\theta}_i\right)_{max} \Leftrightarrow \left[\begin{array}{ll} (r \leq 0)\vee & \\ \Big((r > 0)\wedge & ((t_E^* - t_{soll,j} \leq \min(h_{j,1}^*, h_{j,2}^*)) \\ & \vee(t_E^* - t_{soll,j} \geq \max(h_{j,1}^*, h_{j,2}^*))) \end{array}\right] \tag{C.39}$$

Alle Werte, die diese Bedingung erfüllen, bilden die Menge $M_{2,j,1}(i)$:

$$M_{2,j,1}(i) = \left\{t_E^* : \ddot{\theta}_{A,j,i}(t_E^*) \leq \left(\ddot{\theta}_i\right)_{max}\right\} \tag{C.40}$$

Betrachtet man nun das untere Limit, so erhält man folgende Ungleichung

$$\left(\ddot{\theta}_i\right)_{max} h_j^{*2} - (4\dot{\theta}_{A,j,i} + 2\dot{\theta}_{E,j,i})h_j^* + 6(\theta_{j,i} - \theta_{j+1,i}) \geq 0 \tag{C.41}$$

Diese ist, bis auf ein Minuszeichen, identisch zu Gleichung C.35. Insofern wird mit dieser analog verfahren und man erhält eine zweite Menge $M_{2,j,2}(i)$, die alle Werte enthält, die zu einer Anfangsbeschleunigung führen, die größer oder gleich dem unteren Beschleunigungslimit ist:

$$M_{2,j,2}(i) = \left\{t_E^* : -\ddot{\theta}_{A,j,i}(t_E^*) \leq \left(\ddot{\theta}_i\right)_{max}\right\} \tag{C.42}$$

Die Schnittmenge $M_{2,j}(i)$ enthält somit alle Werte, welche Bedingung (2) für Gelenk $i$ erfüllen:

$$\begin{aligned} M_{2,j}(i) &= \left\{t_E^* : |\ddot{\theta}_{A,j,i}(t_E^*)| \leq \left(\ddot{\theta}_i\right)_{max}\right\} \\ &= M_{2,j,1}(i) \cap M_{2,j,2}(i) \end{aligned} \tag{C.43}$$

## C.3 Untersuchung von Bedingung (3)

Zur Einhaltung von Bedingung (3) muss die Beschleunigung $\ddot{\theta}_{E,j,i}$ zur Endzeit betrachtet werden. Diese erhält man durch Einsetzen der Zeit $t_E^*$ in Gleichung (C.9):

$$\ddot{\theta}_{E,j,i} = \ddot{S}_{j,i}(t_E^*) = -\frac{(2\dot{\theta}_{A,j,i} + 4\dot{\theta}_{E,j,i})h_j^* + 6(\theta_{j,i} - \theta_{j+1,i})}{h_j^{*2}} \tag{C.44}$$

Vergleicht man diese mit der Gleichung C.34 von Bedingung (2), so fällt auf, dass hier nur $\dot{\theta}_{A,j,i}$ mit $\dot{\theta}_{E,j,i}$ vertauscht ist. Daher führt die gleiche Vorgehensweise wie bei Bedingung (2) schließlich zu der Menge $M_{3,j}(i)$ aller Werte $t_E^*$, welche Bedingung (3) für Gelenk $i$ erfüllen:

$$M_{3,j}(i) = \left\{ t_E^* : |\ddot{\theta}_{E,j,i}(t_E^*)| \leq \left(\ddot{\theta}_i\right)_{max} \right\} \tag{C.45}$$

## C.4 Kombination aller Bedingungen

Durch die Bildung der Schnittmenge der Mengen aller drei Bedingungen erhält man die Menge aller $t_E^*$, welche diese drei Randbedingungen für Gelenk $i$ erfüllen:

$$M_{ges,j}(i) = M_{1,j}(i) \cap M_{2,j}(i) \cap M_{3,j}(i) \tag{C.46}$$

Durch Wiederholen dieses Verfahrens für alle Gelenke $i$ ergeben sich die Mengen $M_{ges,j}(i)$ aller Splines $S_{j,i}$. Die Menge $M_{ges,j}$ der gültigen Werte für alle Gelenke lässt sich aus dem Schnitt der Mengen $M_{ges,j}(i)$ der einzelnen Gelenke bestimmen:

$$M_{ges,j} = \bigcap_i M_{ges,j}(i) \tag{C.47}$$

Als neue Sollzeit $t_{soll,j+1}$ für den nächsten Stützpunkt $j+1$ wird schließlich der kleinste Wert aus dieser Menge gewählt, welcher größer oder gleich der ursprünglichen Endzeit $t_E$ ist. Dies garantiert die Einhaltung der Geschwindigkeits- und Beschleunigungslimits für diese Teilbewegung und erfüllt zusätzlich Bedingung (4), womit die Berechnung beendet ist.

# Literaturverzeichnis


[1] *Friction and wear test devices and testing.* Industrial Lubrication and Tribology, 48(1):16–34, 1996.

[2] ABRAHAM, F., ALSHUTH T. und S. JERRAMS: *Ermüdungsbeständigkeit von Elastomeren in Abhängigkeit von der Spannungsamplitude und der Unterspannung.* Kautschuk Gummi Kunststoffe, 55(12):674–678, 2001.

[3] AGGARWAL, J. K. und Q. CAI: *Human motion analysis: a review.* In: *IEEE Nonrigid and Articulated Motion Workshop*, Seiten 90–102, San Juan, Puerto Rico, 1997.

[4] AICARDI, M., G. CANNATA und CASALINO G.: *A learning procedure for position and force control of constrained manipulators.* In: *ICAR '91*, Band 1, Seiten 423–430, Pisa, Italy, 1991.

[5] AKAZAWA, Y., Y. OKADA und K. NIIJIMA: *Real-time video based motion capture system based on color and edge distributions.* In: *IEEE International Conference on Multimedia and Expo*, Band 2, Seiten 333–336, 2002.

[6] ANDERSON, R. und M. W. SPONG: *Hybrid Impedance Control of Robotic Manipulators.* IEEE Journal of Robotics and Automation, 4(5):549–556, 1988.

[7] ARCHARD, J. F.: *Contact and rubbing of flat surfaces.* Journal of Applied Physics, 24:981–988, 1953.

[8] ARIMOTO, S.: *Robustness of learning control for robot manipulators.* In: *IEEE International Conference on Robotics and Automation*, Band 3, Seiten 1528–1533, Cincinnati, USA, 1990.

[9] ARIMOTO, S., S. KAWAMURA und MIYAZAKI F.: *Bettering operations of robots by learning.* Journal of Robotic Systems, 1:123–140, 1984.

[10] ARIMOTO, S. und T. NANIWA: *Learning control for robot tasks under geometric endpoint constraints.* In: *Proc. IEEE Int. Conf. Robotics and Automation*, Band 4, Seiten 1914–1919, Nice, France, 1992.

[11] ARIMOTO, S., T. NANIWA und H. SUZUKI: *Robustness of P-type learning control with a forgetting factor for robotic motions.* In: *Proceedings of the 29th IEEE Conference on Decision and Control*, Band 5, Seiten 2640–2645, Honolulu, USA, 1990.

[12] ARITA, DAISAKU, SATOSHI YONEMOTO und RIN-ICHIRO TANIGUCHI: *Real-time computer vision on PC-cluster and its application to real-time motion capture.* In: *Fifth IEEE International Workshop on Computer Architectures for Machine Perception*, Seiten 205–214, 2000.

[13] ASCENSION TECHNOLOGY CORPORATION: *Motion Trackers for Computer Graphics Applications.* http://www.ascension-tech.com/.

[14] BAY, N.: *Friction stress and normal stress in bulk forming processes.* Journal of mechanical working technology, 14:203–223, 1987.

[15] BAZAZ, S.A. und B. TONDU: *Online computing of a robotic manipulator joint trajectory with velocity and acceleration constraints.* In: *IEEE International Symposium on Assembly and Task Planning, ISATP 97*, Seiten 1–6, Marina del Rey, USA, 1997.

[16] BAZAZ, S.A. und B. TONDU: *3-cubic spline for online Cartesian space trajectory planning of an industrial manipulator.* In: *5th International Workshop on Advanced Motion Control, AMC '98-Coimbra*, Seiten 493–498, Coimbra, Portugal, 1998.

[17] BEEH, FRANK, THOMAS LÄNGLE und HEINZ WÖRN: *OccuBot VI - Industrieroboter als intelligentes Sitztestsystem.* In: *Robotik 2000*, Nummer 1552, Seiten 23–27, 2000.

[18] BEEH, FRANK und HEINZ WÖRN: *OccuBot VI - A robot system for fatigue tests.* In: *Proceedings of the 33rd ISR (International Symposium on Robotics)*, Stockholm, Schweden, 2002.

[19] BEEH, FRANK und HEINZ WÖRN: *OccuBot VI - An Intelligent Robot System for Seat Testing Applications.* In: GINI, MARIA und ET AL. (Herausgeber): *Intelligent Autonomous Systems 7*, Seiten 26–29, Marina del Rey, USA, 2002. IOS Press.

[20] BLUMENAUER, HORST: *Werkstoffprüfung.* Deutscher Verlag für Grundstoffindustrie, Leipzig, 1994.

[21] BOEGEHOLD, A. L.: *Wear testing of cast iron.* In: *Proceedings of the American Society for Testing and Materials*, Band 29, Seiten 115–125, 1929.

[22] BONDI, P., CASALINO G. und GAMBARDELLA L.: *On the iterative learning control theory for robotic manipulators.* IEEE Journal of Robotics and Automation, 4:14–22, 1988.

[23] BRANGER, J: *Life estimation and prediction of fighter aircraft.* In: FREUDENTHAL, ALFRED MARTIN (Herausgeber): *International Conference on Structural Safety and Reliability*, Washington, D.C., 1972.

[24] BRONSTEIN, I. N. und K. A. SEMENDJAEV: *Taschenbuch der Mathematik.* Verlag Harri Deutsch, Frankfurt am Main, 2001.

[25] BROOKS, V. B.: *The Neural Basis of Motor Control.* Oxford University Press, Oxford, UK, 1986.

[26] CACCAVALE, FABRIZIO, BRUNO SICILIANO und LUIGI VILLANI: *Robot Impedance Control with Nondiagonal Stiffness.* IEEE Transactions on Automatic Control, 44(10):1943–1946, 1999.

[27] CAI, Q., A. MITICHE und J.K. AGGARWAL: *Tracking human motion in an indoor environment.* In: *International Conference on Image Processing*, Band 1, Seiten 215–218, Washington, D.C., USA, 1995.

[28] CARELLI, RICARDO, RAFAEL KELLY und ROMEO ORTEGA: *Adaptive force control of robot manipulators.* International Journal of Control, 52(1):37–54, 1990.

[29] CASALINO, G. und G. BARTOLINO: *A learning procedure for the control of movements of robotic manipulators.* In: *Proc. IASTED Symp. Robotics and Automation*, Seiten 108–111, Amsterdam, The Netherlands, 1984.

[30] CHU, SEOK-JAE: *Finite element analysis of contact stresses between a seat cushion and a human body.* In: *Proceedings of the 4th Korea-Russia International Symposium on Science and Tech*, Band 3, Seiten 11–16, 2000.

[31] COLBAUGH, R., H. SERAJI und K. GLASS: *Direct Adaptive Impedance Control of Robot Manipulators.* Journal of Robotics Systems, 10(2):217–248, 1993.

[32] CRAIG, J., PING HSU und S. SASTRY: *Adaptive control of mechanical manipulators.* In: *IEEE International Conference on Robotics and Automation*, Band 3, Seiten 190–195, 1986.

[33] CRAIG, J. J.: *Adaptive control of manipulators through repeated trials.* In: *Proc. of American Control Conference*, Seiten 1566–1573, 1984.

[34] CRAIG, J. J.: *Introduction to Robotics Mechanics and Control.* Addison Wesley, 1989.

[35] CZICHOS, HORST: *Hütte: Die Grundlagen der Ingenieurwissenschaften*, Band 31. Springer Verlag, Berlin, Heidelberg, 2000.

[36] CZICHOS, HORST und KARL-HEINZ HABIG: *Tribologie-Handbuch: Reibung und Verschleiß.* Vieweg, Braunschweig, Wiesbaden, 1992.

[37] DESANTIS, R. M.: *Motion/Force Control of Robotic Manipulators.* Transactions of the ASME, 118:386–389, 1996.

[38] ERHARD, GUNTER: *Zum Reibungs- und Verschleißverhalten von Polymerwerkstoffen*, 1980.

[39] ERISMANN, THEODOR H.: *Prüfmaschinen und Prüfanlagen.* Springer-Verlag, Berlin, 1992.

[40] FMVSS: *FMVSS No. 202: Head Restraints for Passenger Vehicles.* 2000.

[41] FREUDENTHAL, A. M. und GUMBEL E. J.: *Physical and statistical aspects of fatigue.* Advances in Applied Mechanics, 4:117–159, 1956.

[42] GASSNER, E.: *Festigkeitsversuche mit wiederholter Beanspruchung im Flugzeugbau.* Deutsche Luftwacht, Ausgabe Luftwissen, 6:61–64, 1939.

[43] GOLDENBERG, ANDREW A. und PEILIN SONG: *Principles for design of position and force controllers for robot manipulators.* International Journal of Robotics and Autonomous Systems, 21(3):263–277, 1997.

[44] GOODMAN, J.: *Mechanics applied to engineering.* Longmans, Greens and Co., London, 1899.

[45] GUÉRIN, J. D., H. BARTYS, A. DUBOIS und J. OUDIN: *Finite element implementation of a generalized friction model: application to an upsetting-sliding test.* Finite elements in analysis and design, 31(3):193–208, 1999.

[46] HOGAN, N.: *Impedance control: An approach to manipulation, Parts I-III.* ASME Journal of dynamic systems, measurement and control, 107:1–24, 1985.

[47] JANKOWSKI, K. P. und ELMARAGHY H. A.: *Constraint Formulation for Invariant Hybrid Position/Force Control of Robots.* Transactions of the ASME, 118:290–299, 1996.

[48] KAPOOR, A. und F. J. FRANKLIN: *Tribological layers and the wear of ductile materials.* Wear, 245(1):204–215, 2000.

[49] KAUTH, R. J., A. P. PENTLAND und G. S. THOMAS: *Blob: An Unsupervised Clustering Approach to Spatial Preprocessing of Manuscripts Imagery.* In: *11th International Symp. Remote Sensing of the Environment*, Ann Arbor, USA, 1977.

[50] KHATIB, O.: *A Unified Approach for Motion and Force Control of Robot Manipulators: The Operational Space Formulation.* IEEE Journal of Robotics and Automation, 3(1):43–53, 1987.

[51] LIU, M.-H, W.-S CHANG und L.-Q. ZHANG: *Dynamic and adaptive force controllers for robotic manipulators.* In: *IEEE International Conference on Robotics and Automation*, Band 3, Seiten 1478–1483, Philadelphia, USA, 1988.

[52] LUCIBELLO, PASQUALE: *On the Role of High-Gain Feedback in P-Type Learning Control of Robot Arms.* IEEE Transactions on Robotics and Automation, 12(4):602–605, 1996.

[53] LUCIBELLO, PASQUALE: *A Learning Algorithm for Improved Hybrid Force Control of Robot Arms.* IEEE Transactions on Systems, Man, and Cybernetics, 28(2):241–244, 1998.

[54] MASON, M. T.: *Compliance and force control for computer controlled manipulators.* IEEE Transactions on Systems, Man, and Cybernetics, SMC-6:418–432, 1981.

[55] MENG, H. C.: *Wear modeling: evaluation and categorization of wear models.* Doktorarbeit, University of Michigan, Ann Arbor, MI, 1994.

[56] MENG, H. C. und LUDEMA K. C.: *Wear models and predictive equations: Their form and content.* Wear, 181-183(2):443–457, 1995.

[57] META MOTION: *Motion Capture - Meta Motion sells Motion Capture Hardware and Software - Mocap.* http://www.metamotion.com/.

[58] MILLS, JAMES K.: *Simultaneous control of robot manipulator impedance and generalized force and position.* Mechanism and Machine Theory, 31(8):1069–1080, 1996.

[59] MÜLLER, MATTHIAS: *Roboter mit Tastsinn.* Vieweg, Braunschweig, Wiesbaden, 1994.

[60] MOOREHEAD, J. D., D. M. HARVEY und S. C. MONTGOMERY: *A surface-marker imaging system to measure a moving knee's rotational axis pathway in the sagittal plane.* IEEE Transactions on Biomedical Engineering, 48(3):384–393, 2001.

[61] MOTION ANALYSIS CORPORATION: *Real Time Optical Motion Capture Systems from Motion Analysis Corporation.* http://www.motionanalysis.com/.

[62] NANIWA, T., ARIMOTO S. und WHITCOMB L. L.: *Learning control for robot tasks under geometric constraints.* In: *Proc. IEEE Int. Conf. Robotics Automation*, Seiten 2921–2927, San Diego, USA, 1994.

[63] NEXGEN: *NexGen Ergonomics - Products - FSA Industrial Seat and Back System.* http://www.nexgenergo.com/ergonomics/fsaseatback.html.

[64] NGUYEN, PHAM THUC ANH, HYUN-YONG HAN, S. ARIMOTO und S. KAWAMURA: *Iterative learning of impedance control.* In: *IEEE/RSJ International Conference on Intelligent Robots and Systems*, Band 2, Seiten 653–658, Kyongju, South Korea, 1999.

[65] OKAWA, Y. und S. HANATANI: *Recognition of Human Body Motions by Robots.* In: *Proceedings of the 1992 IEEE/RSJ International Conference on Intelligent Robots and Systems*, Band 3, Seiten 2139 –2146, 1992.

[66] PELLETIER, MICHEL: *Synthesis of Hybrid Impedance Control Strategies for Robot Manipulators.* Transactions of the ASME, 118:566–571, 1996.

[67] POLANA, R. und R. NELSON: *Low level recognition of human motion (or how to get your man without finding his body parts).* In: *Proceedings*

*of the 1994 IEEE Workshop on Motion of Non-Rigid and Articulated Objects*, Seiten 77–82, 1994.

[68] POLHEMUS, INC.: *Three-dimensional scanning, position/orientation tracking systems, eye and head tracking systems.* http://www.polhemus.com/.

[69] QUALISYS: *Qualisys motion capture system kinematics analysis.* http://www.qualisys.se/.

[70] RAIBERT, M. und CRAIG J.: *Hybrid position/force control of manipulators.* ASME Journal of dynamic systems, measurement and control, (102):126–133, 1981.

[71] SALISBURY, J. K.: *Active siffness control of a manipulator in Cartesian coordinates.* In: *IEEE Conference on Decision and Control*, Seiten 95–100, Albuquerque, USA, 1980.

[72] SERAJI, H.: *Adaptive Admittance Control: An Approach to Explicit Force Control in Compliant Motion.* In: *IEEE Int. Conf. on Robotics and Automation*, Seiten 2705–2712, 1994.

[73] SHERRATT, FRANK und IAIN HAMILTON: *Simulated durability testing.* Automotive Engineer, 19(3):42–45, 1994.

[74] SICILIANO, BRUNO und LUIGI VILLANI: *A Passivity-based Approach to Force Regulation and Motion Control of Robot Manipulators.* Automatica, 32(3):443–447, 1996.

[75] STEWART, ROBERT, TERRY O'BANNON, MARKUS MÜLLER, FRANK BEEH, BERND SCHNOOR und JOHN LENTZ: *Creating the Next Generation Ingress/Egress Robot.* Nummer 1999-01-0628, Detroit, MI, USA, 1999. Society of Automotive Engineers (SAE).

[76] STODDART, A.J., P. MRAZEK, D. EWINS und D. HYND: *Marker based motion capture in biomedical applications.* In: *IEEE Colloquium on Motion Analysis and Tracking*, Seiten 4/1 –4/5, London, UK, 1999.

[77] THEOBALT, C., M. MAGNOR, P. SCHULER und H.-P. SEIDEL: *Combining 2D feature tracking and volume reconstruction for online video-based human motion capture.* In: *10th Pacific Conference on Computer Graphics and Applications*, Seiten 96– 103, 2002.

[78] VICON MOTION SYSTEMS: *Vicon Motion Systems.* http://www.vicon.com/.

[79] VOLPE, R. und P. KHOSLA: *An Experimental Evaluation and Comparison of Expicit Force Control Strategies for Robotic Manipulators.* In: *American Control Conference*, Seiten 758–764, Chicago, USA, 1992.

[80] WANHEIM, T. und N. BAY: *A Model for Friction in Metal Forming Processes.* In: *Annals of CIRP*, Band 27, Seiten 189–194, 1978.

[81] WHITNEY, D. E.: *Historical perspective and state of the art in robot force control.* International Journal of Robotics Research, 6:3–14, 1987.

[82] WÖHLER, A.: *Über die Festigkeitsversuche mit Eisen und Stahl.* Zeitschrift für Bauwesen, 20:73–106, 1870.

[83] WREN, CHRISTOPHER R., ALI AZARBAYEJANI, TREVOR DARRELL und ALEX P. PENTLAND: *Pfinder: Real-Time Tracking of the Human Body.* IEEE Transactions on Pattern Analysis and Machine Intelligence, 19(7):780 – 785, 1997.

[84] WREN, CHRISTOPHER R. und ALEX P. PENTLAND: *Dynamic Models of Human Motion.* In: *Third IEEE International Conference on Automatic Face and Gesture Recognition*, Seiten 22–27, Nara, Japan, 1998.

[85] X-IST REALTIME TECHNOLOGIES: *Motion Capture Hard- and Software by - X-IST - Realtime Technologies GmbH.* http://www.x-ist.de/.

[86] YAO, BIN, S. P. CHAN und WANG DANWEI: *Variable Structure Adaptive Motion and Force Control of Robot Manipulators.* Automatica, 30(9):1473–1477, 1994.

[87] YAO, BIN und MASAYOSHI TOMIZUKA: *Adaptive Control of Robot Manipulators in Constrained Motion - Controller Design.* Transactions of the ASME, 117:320–327, 1995.

[88] YAO, BIN und MASAYOSHI TOMIZUKA: *Adaptice Robust Motion and Force Tracking Control of Robot Manipulators in Contact With Compliant Surfaces With Unknown Stiffness.* Transactions of the ASME, 120:232–239, 1998.

[89] YONEMOTO, S., D. ARITA und R. I. TANIGUCHI: *Real-time Human Motion Analysis and IK-based Human Figure Control.* In: *Workshop on Human Motion*, Seiten 149–154, 2000.

[90] YONEMOTO, S., D. ARITA und R. I. TANIGUCHI: *Real-time Visually Guided Human Figure Control Using IK-based Motion Synthesis.* In:

*Fifth IEEE Workshop on Applications of Computer Vison*, Seiten 194–200, 2000.

[91] YUAN, JING: *Adaptive Control of a Constrained Robot-Ensuring Zero Tracking and Zero Force Errors.* IEEE Transactions on Automatic Control, 42(12):1709–1714, 1997.

[92] ZENG, GANWEN und AHMAD HEMAMI: *An overview of robot force control.* Robotica, 15(5):473–482, 1997.

# Glossar

**Abnutzung** *(engl. wear) Abbau des Abnutzungsvorrates, hervorgerufen durch chemische und/oder physikalische Vorgänge wie Verschleiß (Reibung), Korrosion, Ermüdung, Alterung, Witterung, Kavitation usw. (DIN 31051). Unerwünschte Gebrauchsminderung von Gegenständen durch mechanische, chemische, thermische und/oder elektrische Energieeinwirkung (DIN 50323-2). Seite 1*

**Alterung** *(engl. aging) Alterung ist die Gesamtheit aller im Laufe der Zeit in einem Material ablaufenden chemischen und physikalischen Vorgänge (DIN 50053). Seite 1*

**Beanspruchung** *Beanspruchung ist die Gesamtheit der äußeren Einwirkungen auf die Probe. Diese können mechanisch, thermisch, strahlungsphysikalisch, chemisch, biologisch und tribologisch sein und auf die Oberfläche oder das Volumen wirken. Seite 1*

**Beanspruchungsfunktion** *Der zeitliche Verlauf der Beanspruchung. Man unterscheidet zwischen deterministischen und zufallsartigen. Bei den ersten ist zu jedem Zeitpunkt der Funktionswert eindeutig bestimmt, während dies bei den anderen nicht der Fall ist. Seite 2*

**Belastung** *Die auf den Sitz wirkenden Kräfte. Seite 20*

**Bruch** *Bruch ist eine makroskopische Werkstofftrennung durch mechanische Beanspruchung. Seite 1*

**Dehnung** *(engl. strain) Die Längenänderung eines auf Zug beanspruchten Körpers. Seite 70*

**Elastizität** *Das Bestreben fester Körper, eine unter dem Einfluss einer äußeren Kraft angenommene Verformung nach Aufhören der Kraft rückgängig zu machen. Seite 20*

**Elastomer** *Ein Material mit makromolekularer Struktur, das bei Raumtemperatur auf mehr als das doppelte seiner Länge gedehnt werden kann und beim Entfernen der Spannung wieder fast in seine Ausgangsform zurückkehrt. Seite 20*

**Ermüdungsprüfung** *(engl. fatigue test) Prüfung zur Feststellung der Ermüdungsfestigkeit der Probe. Seite 7*

**Fehler** *Ein Fehler ist durch Nichtkonformität, d.h. Nichterfüllen festgelegter Forderungen definiert (DIN ISO 8402). Seite 99*

**„Ingress-Egress"-Prüfung** *In dieser Arbeit entwickeltes Prüfverfahren zur Imitation der menschlichen Bewegung beim Ein- und Austeigen in bzw. von einem Autositz. Es besteht aus zwei Teilen, der „Ingress-Egress-Seat"-Prüfung, welche die Bewegung der Oberschenkel auf dem Sitzkissen, und der „Ingress-Egress-Seat"-Prüfung, welche die Bewegung des Oberkörpers auf der Rückenlehne imitiert. Seite 48*

**Korrosion** *Korrosion ist eine „Reaktion eines metallischen Werkstoffes mit seiner Umgebung, die eine messbare Veränderung des Werkstoffes bewirkt" (DIN50918). Seite 1*

**Messfehler** *Der Messfehler gibt die Abweichung des gemessenen Wertes vom tatsächlichen Wert an. Seite 100*

**Messgröße** *Physikalische Größe, der die Messung gilt (DIN 1319-1). Seite 155*

**Messung** *Ausführung von geplanten Tätigkeiten zum quantitative Vergleich der Messgröße mit einer Einheit (DIN 1319-1). Seite 23*

**Probe** *Objekt, welches der Prüfung unterzogen wird. In dieser Arbeit speziell der Sitz. Seite 19*

**Prüfen** *Feststellung, ob ein Prüfgegenstand (Probe) eine oder mehrere vorgegebene (vereinbarte, vorgeschriebene, erwartete) Bedingungen erfüllt, insbesondere ob vorgegebene Grenzwerte (Toleranz- oder Fehlergrenzen) eingehalten werden. Seite 4*

**Prüfsystem** *Gesamtsystem, welches aus allen zur Durchfürung bestimmter Prüfungen erforderlichen Teilsystemen besteht. Seite 4*

**Prüfung** *Verfahren zur Ermittlung der Tauglichkeit eines Objektes für den Gebrauch. Seite 2*

**Regelungsfehler** *Differenz zwischen dem von der Datenausgabe signalisierten und dem von der Programmierung vorgeschriebenen Wert. Seite 83*

**R-Punkt** *Ein theoretischer Punkt (H-Punkt in Amerika) welcher ungefähr auf der Verbindungslinie zwischen den Hüften einer sitzenden Person liegt und deren Position im Sitz festlegt. Seite 38*

**Schaden** *Veränderung an einem Bauteil, durch die seine vorgesehene Funktion beeinträchtigt oder unmöglich gemacht wird oder eine Beeinträchtigung erwarten lässt (VDI 3822, Blatt 1).* *Seite 2*

**Schaumstoff** *(engl.: cellular material) Werkstoff mit über die gesammte Masse verteilten Zellen (offen, geschlossen oder beides) und einer Rohdichte, die niedriger ist als die Dichte der Gerüstsubstanz (DIN 50323-2).* *Seite 3*

**Spannung** *(engl. stress) Die Kraft, die im Innern eines durch äußere Kräfte belasteten Körpers je Flächeneinheit auftritt.* *Seite 70*

**Tribologie** *Tribologie ist die Wissenschaft und Technik von aufeinander einwirkenden Oberflächen in Relativbewegung. Sie umfasst das Gesamtgebiet von Reibung und Verschleiß, einschließlich Schmierung, und schließt entsprechende Grenzflächenwechselwirkungen sowohl zwischen Festkörpern als auch zwischen Festkörpern und Flüssigkeiten oder Gasen ein (DIN50232-2).* *Seite 7*

**Verschleiß** *(engl. wear) Der fortschreitende Materialverlust aus der Oberfläche eines festen Körpers, hervorgerufen durch mechanische Ursachen, d. h. Kontakt und Relativbewegung eines festen, flüssigen oder gasförmigen Gegenkörpers (DIN 50 320-79).* *Seite 1*

**Viskoelastizität** *Polymere zeichnen sich durch viskoelastisches Verhalten aus, da sie, in Abhängigkeit von Temperatur und Zeit, sowohl elastische, als auch viskose Eigenschaften zeigen.* *Seite 20*

**zerstörende Prüfung** *Prüfung mit kontrollierter mechanischer Verformung der Probe, in der Regel unter Inkaufnahme eines Versagens der Probe.* *Seite 2*